U0234719

三维码＋

颠覆二维码，引爆移动互联网新入口

陈绳旭◎著

北京理工大学出版社
BEIJING INSTITUTE OF TECHNOLOGY PRESS

图书在版编目（CIP）数据

三维码＋/陈绳旭著. —北京：北京理工大学出版社，2017.6（2020.11 重印）

ISBN 978-7-5682-3860-1

Ⅰ.①三… Ⅱ.①陈… Ⅲ.①条码技术 Ⅳ.TP391.44

中国版本图书馆 CIP 数据核字（2017）第 063626 号

出版发行 / 北京理工大学出版社有限责任公司
社　　址 / 北京市海淀区中关村南大街 5 号
邮　　编 / 100081
电　　话 / （010）68914775（总编室）
　　　　　（010）82562903（教材售后服务热线）
　　　　　（010）68948351（其他图书服务热线）
网　　址 / http：//www.bitpress.com.cn
经　　销 / 全国各地新华书店
印　　刷 / 北京飞帆印刷有限公司
开　　本 / 710 毫米 × 1000 毫米　1/16
印　　张 / 15
字　　数 / 209 千字
版　　次 / 2017 年 6 月第 1 版　2020 年 11 月第 2 次印刷
定　　价 / 48.00 元

责任编辑 / 刘永兵
文案编辑 / 刘永兵
责任校对 / 周瑞红
责任印制 / 李志强

三维码创始人寄语

　　伟大的信念铸就伟大的企业！ 2007 年，我带着信念与使命从英国剑桥大学归国，和我的团队伙伴一起潜心编写我们的梦想软件，来解决各种应用问题。我喜欢用技术的力量来制作美妙的东西，为他人制作优良的工具，会有一种无比的满足感。一生只做一个码，这是我们一直追求和专注的事业。2010 年我带领团队研发出全球首创三维码编码技术，其外形与应用打破了人类对"码时代"的认识，推动了信息化发展进程。 三维码在过去的一年里飞速发展，已服务过近万家企业和超过六百万个人用户。我们将以"成就民族三维码"为企业使命，专注于将三维码技术及应用拓展至全球市场，为实现"码通天下，万物互联"的美好愿景而锐意进取，让中国走在全球编码技术的发展前列！

三维码创始人：

三维码＋，大势所趋

在移动互联网时代，大数据营销是未来营销的主战场，而三维码将成为移动互联网的重要入口。如果你对三维码还比较陌生，只知道条形码和二维码，没关系，我将用通俗易懂的比喻告诉大家什么是三维码：条形码（一维码）好比收音机时代；二维码就像黑白电视机时代；三维码就相当于彩色高清电视机时代。可见，三维码更符合时代发展的趋势，更容易适应这个时代的竞争。

趋 势 来 临

一维码（收音机）　　　　二维码（黑白电视）　　　　三维码（彩色高清电视）

何为三维码？由三维码（厦门）网络科技有限公司（简称"三维码科技公司"）开发的任意进制图像编码，是一项具有完全自主知识产权的专利技术，发明人为陈绳旭（Chen Shengxu）。三维码作为一款物联网新型技术产品，它采用了光感自动识别，是建立在二维码基础之上的一种创新的革命性技术。

相比传统的空白为"0"、黑点为"1"的二进制编码结构，三维码已从原有的平面矩阵二维蜕变为立体的三维矩阵，即三维码巧妙地利用加入图像层技术概念，组合与 16 进制相对应的图像形体来表示数值信息。其基础架构是一个 8×8 的矩阵图，64 个矩阵单位由上述多色中的单一颜色来填充，从而形成了近 900 亿次的组合形态。

与传统二维码相比，三维码具有国际通用扫码标准、眼睛可识别、可申请版权保护等特点，同时三维码还具有品牌性、有效性、安全性、独特性四大优势。

三维码的诞生，是码时代一次伟大的变革，是对编码技术的创新升级。它的普及，将为我国企业的发展带来不可估量的价值，尤其是在证、章、卡、照、移动商务、支付、防伪、智慧城市和商标等众多领域，会有更大的发展前景。

三维码问世后，我便在家乡厦门创办了三维码（厦门）网络科技有限公司。在过去一年多的时间里，三维码技术在公司的推动下，有了飞速的发展，如今我和我的团队伙伴已经服务过近万家企业，其中不乏世界 500 强企业。

cctv2　　飞利浦　　福特　　好利来

新华网公众平台　　伊利　　中国银行　　王老吉

三维码的发展势头迅猛，不过，在市场上的应用还处于萌芽状态，离被人们广泛接受和高度普及的目标还有一段路，要想突破，需要有人为其呐喊、助阵。因此，我作为一名企业家，作为三维码创始人，作为国内三维码技术的先行者，深感责任重大。我始终认为，企业家的历史使命，就是通过自己的知识、技术、力量、真诚，去影响、帮助更多的企业和个人获得进步和成功，赢得尊重和荣誉。

所以，我决定写这本书。同时，为了更好地照顾读者的阅读体验，我摒弃了传统专业书籍枯燥生涩的写法。

在这本书中，我运用深入浅出的写作方式，以全景的视角，对三维码的整体形势进行研判，全面精准地分析讲解三维码营销的各种知识与技能。

这是一本通俗易懂、简洁美观、色彩明亮的三维码营销工具书，希望它是你的良师益友，通过阅读这本书，收获知识和思想，使之成为你在移动互联网时代实现财富倍增的武器。

三维码应用还是一片蓝海，每个满怀激情的人，或者想要挑战新高度的企业，都有可能在这片蓝海中赚得盆满钵满。但是，前提是你必须拥抱三维码，懂得如何运用三维码。

空谈误国，实干兴邦。我有责任和义务去利用自己的微薄之力，尤其是用我在三维码领域的专业知识，帮助中国企业品牌完成升级、蜕变，在移动互联网时代获得更强大的竞争力。

在这个急剧变革的时代，如果你不转型，不接受新的思维，不能把握趋势，成功就是妄谈。因为新的时代、新的财富，需要用新的思维、新的技术去争取。三维码作为品牌的锻造者，作为威力巨大的营销武器，它是企业品牌走向移动互联网时代的重要依托，对它的小觑，就是对企业未来的忽视。所以，我诚挚地希望大家能够拥抱三维码，让它成为引领中国企业走向品牌大数据时代的重要入口，成为提升企业竞争力的核动力。

"60后"

马云

解决：物与物在线交易问题
推出：淘宝、天猫

"70后"

马化腾

解决：人与人在线交流问题
推出：QQ、微信

"80后"

陈绳旭

解决：人与物在线交互问题
推出：三维码

　　"60后"的马云，在自己的家乡杭州，创办了阿里巴巴，推出了淘宝、天猫，解决了物与物之间的在线交易问题。

　　"70后"的马化腾，在自己的家乡深圳，创办了腾讯，推出了QQ、微信，解决了人与人之间的在线交流问题。

　　"80后"的我们，在自己的家乡厦门，创办了三维码，推出了三维码，解决了人与物之间的在线交互问题，希望有一天我们的企业也能像他们一样辉煌。

目录 contents

目录 c o n t e n t s

第五章

三维码 + VR、AR、MR

技术应用

5

第六章

三维码 +N：三维码和各个

领域的完美契合

目录

11

第十一章
各行各业使用三维码引流时的
注意事项

第一章

"三维码+"时代重磅来袭开启新的财富大门

　　在瞬息万变的时代潮流中，新生事物取代旧事物的步伐不仅没有减缓、放慢，相反越来越急迫，越来越迅猛。二维码的普及还没多久，三维码就已经度过了潜伏期，并朝着"互联网+"时代盛装走来。它以自身优良的特性和得天独厚的条件，正试图在这个时代里举办一场码通天下、万物互联、完美对接的变革盛宴。如果你不懂得三维码，那么，你将会错失这场变革盛宴中的亿万商机！

掀起技术革命，影响世界未来

2014 年 7 月，中国科学院大学管理学院院长、全国人大常委会原副委员长、著名经济学家成思危在中国科学院大学管理学院举办的"金融高峰论坛"上做了一次名为《中国金融创新的方向》的报告。在那次报告中，他旗帜鲜明地说道："二维码扫描支付现在说有风险，不允许用，但是据我所知，现在三维码都出来了，三维码是不是可以减少或者防止二维码的风险呢？这个恐怕就值得研究，不能说所有的扫描支付都是不行的，起码要研究它的风险在哪里……"

著名经济学家成思危的这段话，虽然并没有大篇幅地对三维码进行阐述，但我们可以从中体会到，他已经言简意赅地说明了三维码的优势，并肯定了它将在互联网金融领域发挥非常重要的作用。

作为一项移动互联网与物联网相结合的新型技术，"三维码+"是科技创新 3.0 下的互联网发展的新业态，是智能社会创新 3.0 推动下的互联网形态演进及其催生的经济社会发展新形态。"三维码+"是互联网思维的进一步实践的成果，推动了经济形态不断地发生演变，从而催发了社会经济实体的生命力，为改革、创新、发展、共享提供广阔的数据入口平台。

通俗地说，"三维码+"就是"三维码+各行各业"，但这并不是简单的两者相加，而是利用信息通信技术为入口结合互联网平台，让互联网通过一张码与传统行业进行深度融合，创造新的发展形态。它代表一种新的社会形态，即充分发挥互联网在社会资源配置中的优化和集成作用，将互联网的创新成果深度融合于经济、社会各领域之中，提升全社会的创新力和生产力，形成更广泛的以互联网为基础设施和实现工具的经济发展新形态。

近年来，"三维码 +"已经逐步影响到多个行业，大家耳熟能详的电子商务、互联网金融（ITFIN）、在线旅游、在线影视、在线房产等行业都可以与"三维码 +"进行深度结合。"三维码 +"能够迅猛发展，和当下的"互联网 +"时代密切相关。

两年前，我提出"万网成功定律"，这是我多年研究并总结出来的隐藏在互联网商业帝国下的成功定律，下面我将这个定律分享给大家，希望大家能从中看到本质，获得收益。

> 吸粉率 × 转换率＝平台 × 成交率＝现金流
>
> 综观那些成功的互联网巨头企业，无不是用自己的发展印证了这一定律，例如：
>
> **百度**：免费搜索 × 转换率（排名搜索）＝百度平台（多种服务）× 成交率＝现金流。
>
> **滴滴打车**：免费找车、免费找客 × 转换率（银行卡绑定）＝微信（多种服务）× 成交率＝现金流。
>
> **阿里巴巴**：免费搜产品 × 转换率（开店下单）＝阿里巴巴（多种服务）× 成交率＝现金流。
>
> 同样的，三维码也不例外。三维码：免费升码 × 转换率（60 项系统）＝三维码大数据平台 × 成交率（专业行业应用）＝现金流

"三维码 +"其实是信息化和工业化的深度融合，它将互联网作为当前信息化发展的核心特征提取出来，并与工业、商业、金融业等服务业全面融合。这其中关键就是创新，只有创新才能让这个"+"真正有价值、有意义。正因如此，"三维码 +"被认为是智能社会创新 3.0 下的互联网发展新形态、新业态，是智能社会创新 3.0 推动下的经济社会发展新形态演进。

很多人不清楚三维码和二维码的区别是什么？我们举个简单的例子，三维码就好比彩色高清电视机，二维码就好比黑白电视机，无论是色彩、图案还是各种功能，三维码都要比二维码好得多。

二维码和三维码的区别

▶ 枯燥的黑白色
▶ 无趣的扫描体验
▶ 无法视觉阅读
▶ 低效率的客户开发
▶ 安全性无法保障

▷ 肉眼可识别
▶ 可申请商标版权
▶ 让您的扫描次数提升600%
▶ 让品牌自动营销
▶ 防伪溯源数据安全

　　如今，三维码正以自身强大的优势，逐渐成为这个时代的主流。未来，三维码的应用将会越来越多，越来越便捷。从此刻开始，如果你重视三维码，你便抓住了机遇，坐在了时代腾飞的风口上。目前我们已经获得了三维码的关键技术和专利，并且从中获得了巨大的商机。因此，了解三维码、读懂三维码、掌握三维码，势在必行。

从一维码到三维码，改变世界的脚步从未停止

从一维码出现，到三维码诞生，经历了一段很长的时间，长达 100 多年。说起一维码，首先要了解一下条码技术。因为条码技术是一维码诞生的基础。1920 年前后，美国发明家约翰·科芒德（John Kermode）为了实现邮政单据的自动分拣而发明了最早的条码。

约翰·科芒德是个非常聪明的人，他用最简单的方法就完成了其他人意想不到的壮举。他对条码的设计方案非常简单，即一个"条"表示数字"1"，两个"条"表示数字"2"，以此类推。然后，他又发明了由基本的元件组成的条码识读设备，一个扫描器（能够发射光并接收反射光），发明了测定反射信号条和空的方法，即边缘定位线圈，以及使用测定结果的方法，即译码器。不过这一技术有很大的局限性，所包含的信息量相当低，并且很难编出十个以上的不同代码，所以并没有得到约翰·科芒德本人的重视，他也没有申请专利，这项技术的推广也因此被耽搁下来，没有被投入商业应用。

当时间推移到 1945 年以后，美国的两位工程师诺姆·伍兰德（Norm Woodland）和伯纳·西尔佛（Bernard Silver）经过艰苦的探索，发明了可以用代码表示食品项目的自动识别设备。专利意识强烈的两位工程师，在自动识别设备发明出来后立即向美国政府申请了专利。这就是条码技术的最早专利。

不过，由于当时应用环境的限制，这一技术并没有得到广泛推广和应用，只是局限于当时的印刷工艺领域。但无论如何，条码技术的优越性已经使业界承认了它的价值，它也因为自动识别条码设备的销售量越来越大，而逐渐普及开来。

转眼近 30 年过去了，到了 1970 年左右，美国超级市场委员会制定出通用商品代码

（UPC），至此，条码技术开始正式进入零售、库存管理等商业领域。1973 年，美国统一编码委员会（UCC）对 UPC 编码进行了标准化处理，这一做法进一步推动了条码技术的发展，使其从此进入高速发展轨道。

随着条码技术在美国的蓬勃发展，欧洲编码协会（EAN）也开始运用这一技术，并将其发展成为世界通用的商业语言。当然，我国由于和世界接轨较迟，条码技术此时并没有在我国广泛应用，仅仅应用于一些高端领域。

19 世纪 80 年代，从事条码技术研究的技术人员又在条码技术原有的基础上，开发出了一些密度更高的一维码，比如 PDF417 码。

PDF417 码的结构

万事开头难，一旦渡过了初始期的难关，往后的速度就会加快许多。在一维码广泛应用于各种领域不久，二维码就诞生了。二维码的诞生，使条码技术实现了只能"机器识读"到代码本身可以"携带信息"的跨越式进步，是条码技术发展史上一个重要的里程碑。

对比	二维码	一维码
用途	对物品的描述	对物品的标识
编码范围	能包含声音、文字、指纹等诸多信息	只能包含字符与数字信息
信息容量	信息密度高、容量大，信息容量为一维的数十倍	信息密度低、容量小，能包含近 30 个字符

续表

对比	二维码	一维码
可靠性	错误率不超过千万分之一	错误率约百万分之二
纠错能力	有纠错能力，并能根据需要设置不同的纠错级别	可通过字符校验，但无纠错能力
信息安全	保密性、防卫性好	容易仿制
对数据库及网络的依赖	多数应用场合依赖数据库及通信网络	可不依赖数据库及通信网络而单独应用

　　二维码，也叫二维条码，它建立在一维码的基础上，遵循的原理和一维码一样，其实它更准确的名字应该是 QR 码（Quick Respond Code，快速响应矩阵码）。二维码是在 1994 年由日本一家名为 DENSO WAVE 的科技公司所发明，是一种外观密密麻麻黑白相间、三个角落好像"回"字的神秘图案。这一发明震惊了世界。二维码比一维码高级得多，其最多可以容纳数字 7 089 个，或字母 4 296 个，或汉字 984 个的特性，让一维码望尘莫及。

　　二维码一问世，首先在日本和韩国这两个国家掀起了应用热潮并取得了巨大成功，随后，它便开始在世界范围内流行起来。究其被广泛应用的原因，和它自身蕴含的数据价值有密切关系。毕竟，二维码可以承载海量数据，这无疑是众多企业梦寐以求的，有了这些丰富的数据，可以为企业的生产、营销带来极大的方便和益处。

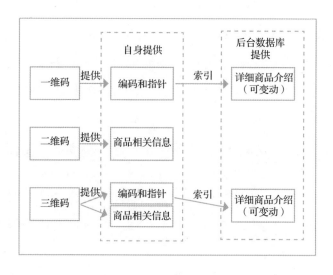

当二维码被发明出来后，欧美这些经济发达的国家，并没有马上重视它，仅仅将二维码应用在传统的零售业和工业领域。日本、韩国这两个经济强盛的国家，却对二维码情有独钟，它们将二维码应用到了所有具有应用价值的领域。

日韩两国在互联网、移动互联网、智能手机等领域一直处于世界领先水平。它们的手机网络覆盖非常广泛，人均网络带宽名列世界前茅，手机上网早已成为人们生活中不可或缺的一部分。这些都是二维码被广泛应用的前提条件，这让二维码迅速推广开来。

比如，在日韩两国，我们随时可以看到人们用智能手机扫描二维码购买物品或参与活动。在二维码发展初期，智能手机还没有自带的二维码扫描功能，但已经有互联网企业开发出了二维码识别软件，人们只要在手机上下载二维码识别软件，然后利用手机上的摄像头读取二维码上的编码信息，就可以完成扫描。

尤其是随着智能手机的普及和功能的扩展，二维码扫描软件成为智能手机的标配，很多商家都利用这一优势，将二维码应用到了各个商业领域。商家通过多种措施鼓励用户使用手机扫描二维码以获取优惠券、礼品或者购买产品，从而使二维码营销成为极具价值的新营销手段。

二维码在我国的出现，还要从2006年说起。2006年，我国通信行业的老大——中国移动开始在我国推出二维码业务，但由于当时二维码普及的条件还远未成熟，比如手机上网用户少、网速慢、智能手机不普及等，导致市场接受度非常有限，广大商家和用户并没有重视二维码的应用。虽然中国移动断断续续地多次推广二维码，但二维码始终流行不开。

2009 年，随着政府开始发放 3G 牌照和大力建设 3G 网络，我国在手机上网用户、网速等方面都出现了明显的改观。尤其是随着 3G 网络和智能手机的普及，二维码在我国掀起了一轮应用热潮。

从 2012 年开始，随着智能手机在中国的强势崛起，手机行业迎来了一种前所未有的换代潮。而在这些智能手机中，二维码扫描功能成了标配，从而给消费者扫描二维码提供了极大的便利，也正是靠着这一得天独厚的条件，二维码开始在我国爆发，几乎成了神一样的关键词。

放眼如今的中国你会发现，室内广告、户外广告、报纸、杂志、网页上，几乎每个地方都有二维码的身影。企业、商家都把二维码营销当成了企业的重要战略支撑。这也造就了二维码营销在中国企业界成为独领风骚的风景。

任何事情都是互相促进的，企业营销需要借助于二维码来开展，二维码也在企业开展营销的过程中不断完善和优化。在这个过程中，就会逐渐发现二维码存在的一些短板和缺陷，于是，二维码的演化进程就开始了。这就是三维码诞生的动力。

一维码
拥有：信息

二维码
拥有：信息+内容

三维码
拥有：信息+内容+色彩
+直观内容+品牌价值

2007年，我在海外学习信息工程技术时，发现国外已经普遍运用了二维码技术，一些国家甚至已经制定了国际标准，它们试图通过二维码获取全球用户信息，以及通过二维码这一渠道获得大量财富。我当时便对国内的二维码应用情况做了一次深入调查研究。研究结果发现，虽然我国当时还不具备普及二维码应用的条件，但不出几年，各方面的条件将会完善。并且，我在研究国外技术的过程中还发现，二维码这项技术并不难，我们完全有能力做到，甚至超越。当时我就萌生了一个想法，带领我的伙伴们回国全力研发超越二维码的技术。

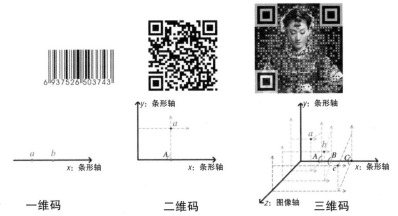

三维码原理

一维码　　　　二维码　　　　三维码

　　2010年，经过几年艰苦卓绝的研发，三维码终于在我的团队手中诞生了。从外观到底层设计，全部由我们自主研发，并且成功申请了发明专利和实用新型专利。这一成就得到政府和社会各界朋友的高度认可与支持，坚定了我"一生只做一个码"的信念和完成使命的决心：

　　成就民族三维码！制定属于中国人自己的编码标准，码通天下，万物互联，做到有条形码的地方，就有三维码！

　　如今，三维码已经在我国的一些先进领域得到推广和应用，随着"互联网+"战略的推广，以及二维码营销存在的各种弊端和局限性，那么，三维码掀起新一轮的大规模应用和营销浪潮指日可待！

"三维码 +"：打造世界级企业品牌

二维码产生已久，并且在我国已经经历了一个发展高潮，尤其是最近几年，二维码可谓是风光无限，目光所及之处，都能看到它的身影。但是，任何事物在经历了一段高速发展时期后，都会暴露出它的弊端，或者呈现出后劲不足、难以跟随时代发展步伐的短板。二维码同样也不例外。

二维码虽然有着一定的商业价值，但是因为它的随意生成，使得它的安全性无法保证，导致一些不法分子利用这个缺点，获取用户的账户密码，使得用户在扫二维码后手机中病毒、银行卡信息泄露等，造成损失。

如今，是一个追求极致和完美的移动互联网时代，品牌及数据安全关乎企业竞争力，二维码难以塑造企业品牌及保障企业数据的安全，致使越来越多的企业开始抛弃它，并积极寻找它的替代品。二维码的不足之处正昭示着三维码时代的来临。

三维码的艺术创造空间非常广泛，有着独立自主的发挥空间。每一个企业、商家制作的三维码都可以明显地区别于其他企业、商家，消费者不用扫描只用肉眼就能识别出是谁的三维码。尤其是那些有特色、有创意、有 LOGO 的三维码，更是能让消费者一见倾心、过目不忘。

我们不妨来看看下面两组三维码。

无须掏出手机，只需用肉眼就可以区别开这两组三维码的不同，这就是三维码的优势所在，它可以完美地将一个品牌展现出来。

　　在这个品牌理念已经非常成熟的时代，是否有品牌、品牌知名度和美誉度的高低直接影响着企业营销效果的好坏。历史证明，专注于品牌的企业往往比专注于特定产品的企业活得更长久；有较高美誉度的品牌，企业就更容易开展品牌拓展；有更高认知品质的品牌，产品往往能比竞争者卖更高的价格；没有品牌的企业和产品就只能赚辛苦钱。企业发展到最后就是品牌的竞争，没有品牌的企业不是真正的企业！所以说，品牌越来越成为企业安身立命之本，欠缺品牌营销，无论是企业还是个人都无法走得更远。

　　三维码作为企业品牌最好的体现方式，它所到之处，就是企业品牌发光之处。当人们看到该企业品牌的三维码时，往往会大大提升对品牌的扫码兴趣，三维码可以做到"让你的商标会说话"。所以，企业在制作三维码时，一定要充分利用三维码的优势，把企业的 LOGO、特色凸显出来，使它能够充分体现企业品牌的优势。这是企业提升营销力、扩大影响力、增加消费者认同感的绝佳方式。

　　下面是我们为大家提供的三维码技术服务中的一小部分，可以帮助您提高企业品牌在移动互联网时代的成长速度和影响深度。

项目一：

个人码升级（可链接到个人微信，安全又时尚，可实现一键拨号！）

参考案例：

项目二：

企业码升级（可链接到个人微信、公众平台、企业网址等。三选一。）

参考案例：

项目三：

三维码企业版＋企业商标版权（独立的后台，多元化的展示，包含一键电话系统、一键邮箱系统、图片展示系统、视频展示系统、产品销售系统、PDF 管理系统，留言反馈系统、GPS 定位系统、新闻系统、数据统计系统、数据分析系统、项目展示系统、公告管理系统、信息安全管理系统、分享系统、名片系统、跳转系统、音乐系统、友情链接系统、一键置顶系统、LBS 应用系统、文字展示系统、点赞管理系统、联系系统。）

参考案例：

项目四：

三维码互动版 + 企业商标版权（集品牌专享、前沿设计、时尚互动于一体，集视觉、听觉、触觉于一身，带来全新的视觉享受。）

参考案例：

项目五：

商会定制版 + 商标版权（商会平台整合资源，全方位地展示企业及项目，包含一键电话系统、一键邮箱系统、图片展示系统、视频展示系统、会员管理系统、活动管理系统、PDF 管理系统、留言反馈系统、GPS 定位系统、个人中心系统、VIP 系统、新闻系统、数据统计系统、数据分析系统、项目展示系统、公告管理系统、发帖系统、分享系统、跳转系统、音乐系统、友情链接系统、文字展示系统、点赞管理系统、联系系统。）

参考案例：

项目六：

三维码高端定制版 + 商标版权（品牌定位、定制专属，为企业提供系统化解决方案，建立品牌优势来刺激和吸引消费者的购买冲动，增强品牌影响力。）

参考案例：

第二章

三维码的功能与特色

三维码之所以能在二维码一统天下的时代争得一线生机，成为编码行业的一匹黑马，展现出逐步取代二维码的趋势，是因为它不但具备二维码的功能和特色，而且在很多方面要优于二维码。本章能让我们了解和认识三维码有哪些强大的功能与特色。

三维码的核心优势

三维码之所以能获得众多企业的青睐，成为它们的合作伙伴，这和我们提供的三维码诸多核心优势有着极大的关系。其核心优势主要体现在以下几点：

1. 一个统一

按照一般扫码软件的特性，它们都有一定的局限性，即只能扫描相应的三维码，对于某些三维码却难以识别出来，只有下载对应的三维码识别软件，才能进行三维码扫描识别。这对于追求方便、快捷的消费者来说，无疑会望而却步。因为没有人愿意去重新下载一个三维码扫描软件。这种给消费者设置扫码障碍的缺陷，自然会大大减少消费者的扫码频率。

三维码（厦门）网络科技有限公司推出的三维码，遵循国际通用的扫码标准，任何扫码软件都可以对其进行扫描，这一优势大大有利于它在市场的广泛传播和使用。

2. 两个特点

三维码具有两个显著的特点，一是肉眼可识别，二是可注册版权。这两个特点直接决定了它的商业价值远远高于二维码和条形码的商业价值。

（1）肉眼可识别

三维码是目前存在的条码技术中最高水准的条码，简单易记，肉眼可识别是其最明显的特点。我们可以先看一下下面几个二维码图像，如果不用手机扫描的话，大家能看出它们分别代表什么吗？可以看出它们是哪家企业的二维码吗？答案显然是不能。

三维码却可以轻易地通过人的肉眼区别开来。如下图所示，我们只要用眼睛一看，就可以知道是哪家企业的三维码。

（2）可注册版权

我们制作的三维码，不仅仅是一种扫描图案，还可以注册商标和版权。一旦注册成功，就享有法律提供的商标和版权的保护权利，这无疑可以提升企业和产品的无形资产。如果其他企业或竞争对手使用了您已注册的三维码，就可以追究其法律责任。所以，"可注册版权"的特点，使得三维码成为保护企业的无形资产。

注册版权的好处

① 通过登记机构的定期公告，可以向社会宣传自己的产品。

② 可以维护作者或其他著作权人和作品使用者的合法权益。当产生纠纷时，权利人常常遇到举证困难的问题。因此，各国均鼓励作者对作品进行版权登记，以便在今后的行政救济和司法诉讼时作为权利的初步证明。

③ 作者在进行版权贸易，进行版权转让、许可使用等活动时，也需要这样的权利证明文件，方便与另一方签订转让、许可使用等合同。有利于作品、软件的许可、转让，有利于作品、软件的传播和经济价值的实现。

④ 有利于交易的顺利完成。同时，国家权威部门的认证将使您的软件、作品价值倍增。

⑤ 著作权登记是软件产品登记的前提条件，登记计算机版权有利于合法地在我国境内经营或者销售该软件产品。

⑥ 申请人可享受国家规定的有关鼓励政策。

⑦ 可以使授权活动更加顺利。

⑧ 有利于个人自我价值的体现；是企业创新实力的表现，能增强企业的市场竞争力。

3. 四大属性

■ 四大属性

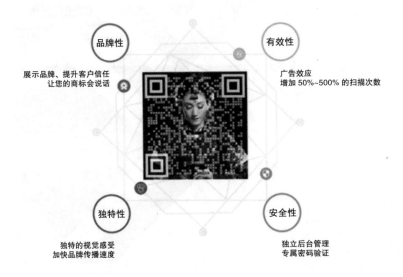

三维码自身包含的四大属性,决定了它在"互联网+"时代的不可替代性。这四大属性分别是品牌性、有效性、独特性、安全性。

（1）品牌性

三维码制作出来后,只要予以商标注册,它就会成为一种品牌。企业可以将其作为常用品牌印制在企业的产品上,消费者只要瞄一眼,用手机扫一扫,就可以很直观地知道是哪个品牌。

三维码的图形化设计,能够给人们带来一种更直观、更吸引人、更容易识别的印象。如果能再多花一些心思对其进行制作,那么它还会传达出视觉、触觉、听觉三位一体的互动诉求,使消费者产生一种过目难忘的品牌文化体验和赏心悦目的视觉效果,还会增加消费者的参与感。所以,企业在制作出三维码后,可以对其进行版权注册,将其打造成企业的品牌标志。如此一来，企业的三维码就具备了快速提升品牌价值和增强消费者对品牌信任度的魔力，具有品牌效应的三维码就成为你无处不在的营销员。

（2）有效性

三维码作为二维码的迭代"产品"，是为了突破二维码的局限。三维码的一大特色就是加入了模糊识别技术，这使三维码识别具有抗抖动的特性，突破了传统条码仅限于平面媒体的限制。

以往企业、商家在运用二维码进行营销时，只能将其用于平面广告中，而对于更加热门的流动媒体只能望洋兴叹，并且由于二维码对变形率的要求很苛刻，只能印制在平面上（变形率过高会影响扫描），同时还需要高品质印刷。

三维码极高的稳定性足以弥补二维码应用过程中的种种不足，它不仅可以在传统的电视、露天 LED 显示屏、户外广告显示屏等媒体上发布，还可以印刷在曲面媒体上，如易拉罐、T 恤衫等，且对印刷介质无特殊要求。这些都极大地提升了三维码的商业价值，因为它可以在任何媒体上出现，而消费者也可以随时随地完成对三维码的扫描。

加之三维码有着极高的欣赏价值和创意展示，可以吸引更多消费者的目光，在这双重作用下，消费者的扫码意愿和扫码频率就比二维码高得多，能极大提升企业营销的有效性，为企业创造出更好的广告效应。

（3）独特性

三维码可以让每一个码都不一样，做到独一无二。任何企业都可以根据自己的意愿，设计出吸引消费者眼光、与企业品牌气质相契合的三维码。只要设计的三维码具有很好的视觉效果，这种独特的三维码就可以获得很好的传播。

在 IT 企业界曾流传着这样一个故事：一家科技公司想更好地宣传自己的企业，便把企业的网站链接制作成了一个很大的二维码，贴在公司的大门上，以便让路过的人扫描了解。没过几天，该公司对面的另一家公司老总气冲冲地找到了该公司的负责人，抗议说："你们在门口贴那么大的二维码，多难看啊，我们公司的客户看到你们的二维码都觉得像一个咒符，你们是在画符诅咒我们吗？"

这个故事虽然听着像一个笑话，却透露了一个非常明确的信息，就是二维码不美观。

无论在哪个时代，美的东西才能获得人们的青睐，更容易被人们接受，所以好的"第一印象"非常重要。

三维码可以把图片、文字、LOGO 都编成码，并以彩色的图案展示出来，三维码的独特性无疑使其变得更加美观时尚。企业在设计三维码时如果能多些创意元素，会给扫描者留下更好的"第一印象"。试想一下，如果故事中的科技公司贴的是生动的三维码，是不是能够在避免误会的同时，更好地宣传自己呢？

（4）安全性

信息安全，一直都是企业发展的命脉。企业机密一旦泄露，造成的影响非常大，甚至还会导致企业破产倒闭。尤其是在这个网络风险与日俱增的"互联网+"时代，风险防范更成了企业的必修课。三维码不仅信息密度高、容量大，而且有着极好的保密性、防伪性和纠错能力，这也决定了它具备很高的安全性。

三维码不仅有独立的后台管理，还有专属密码验证，不法分子要想篡改，有极大的难度。所以，三维码在安全性方面远远高于二维码，这正是它深受广大企业青睐的原因。

三维码的独特资本

虽然二维码如今已经普及，并且深入我们生活的每个角落，但是，三维码凭借自身独特的资本，同样可以颠覆二维码的统治地位，需要的只是时间而已。如果不出所料，在未来两三年内，三维码就会得到普及，深层次、大范围地取代二维码。那么，三维码的独特资本到底有哪些呢？它主要表现在以下两个方面。

1. 十大好处

无论是企业还是商家，在使用三维码的过程中，都会发觉它的十大好处：

① 更有效的品牌推广；

② 快速提升扫码次数；

③ 让商标会说话；

④ 注册版权提升无形资产；

⑤ 让你的码多出五倍的数据容量；

⑥ 创新模式带给用户视觉享受；

⑦ 商标保护；

⑧ 提升用户对品牌的信任；

⑨ 让品牌更具有吸引力；

⑩ 让数据更安全。

使用三维码的十大好处

更有效的品牌推广 ①

快速提升扫码次数 ②

让商标能说话 ③

注册版权提升无形资产 ④

让您的码多出五倍的数据容量 ⑤

创新模式带给用户视觉享受 ⑥

商标保护 ⑦

提升用户对品牌的信任 ⑧

让品牌更具有吸引力 ⑨

让数据更加安全 ⑩

三维码的10大好处

2. 六十项系统

　　三维码之所以能被运用到各行各业各个领域，和其自身拥有的六十项系统有非常密切的关系。有了这六十项系统的技术支持，三维码就可以轻松搞定一切"疑难杂症"。这六十项系统具体如下：

　　①一键电话系统：用户直接点击屏幕上的电话号码即可启用手机电话功能，一键拨通，无须再输入电话号码。

　　②一键邮箱系统：用户直接点击屏幕上的邮箱号码即可启动邮箱发送功能，一键发送邮件，无须再输入邮箱地址。

　　③图片展示系统：通过图片展示方式让客户更直观地了解企业信息。

　　④视频展示系统：通过视频展示系统把企业的视频资料在页面上展示。

　　⑤会员管理系统：精准管理会员用户的资料。

　　⑥产品销售系统：商品销售系统是销售企业不可缺少的一个软件系

统，该系统涉及进货管理、销售管理及库存管理等功能的结合。

⑦积分管理系统：为企业提供成熟的会员积分系统和丰富的会员积分卡系统服务，提供会员储值积分系统应用。

⑧防伪系统：生成不可逆加密产品编码，在产品出厂时通过产品与标识物的联结建立码与产品的唯一对应关系。

⑨电子溯源系统：可以实现所有批次产品从原料到成品、从成品到原料100%的双向追溯功能。这个系统最大的特色功能就是数据的安全性，每个人工输入的环节均被软件实时备份。

⑩报名系统：用于统计报名人数的相关数据。

■ 六十项系统

一键电话系统	个人中心系统	音乐系统	订阅系统
一键邮箱系统	移动商城系统	跳转系统	扫码系统
一键置顶系统	加V认证系统	电子券系统	推送系统
3D展示系统	帮助中心系统	VR展示系统	招聘系统
HS展示系统	智能名片系统	友情链接系统	分享系统
图片展示系统	活动管理系统	新闻发布系统	预约系统
视频展示系统	留言管理系统	手机支付系统	抽奖系统
会员管理系统	项目管理系统	电子溯源系统	报名系统
积分管理系统	PDF管理系统	产品销售系统	优惠系统
票房管理系统	公告管理系统	订单应用系统	搜索系统
文字展示系统	点赞管理系统	GPS定位系统	公益系统
框架优化系统	密码管理系统	LBS应用系统	投票系统
数据统计系统	行程管理系统	在线咨询系统	发帖系统
数据分析系统	会员卡管理系统	信息安全管理系统	VIP系统
数据恢复系统	商协会应用系统	RFID射频感应系统	防伪系统

⑪票务管理系统：利用三维码作为通行电子门票，具有全方位的实时监控和管理功能，对于提高各旅游景区的现代化管理水平有显著的经济效益和社会效率。

⑫GPS定位系统：根据查看需要，客户可以添加修改自定义地图线路，以更好地服务企业运行。

⑬数据统计系统：当用户在帮助中心进行关键词搜索时，系统不但能通过自然语言处理技术，从海量知识库中精准匹配提供参考方案，还能对关键词数据进行统计，帮助企业完善知识库，真正做到倾听用户的声音，想用户所想，急用户所急，准确抓住用户需求。

⑭数据分析系统：是指用适当的统计方法对各种数据资料进行全面分析，以求最大化地开发数据资料的功能，发挥数据的作用。

⑮新闻发布系统：本系统可以将杂乱无章的信息（包括文字、图片和影音）经过组织，合理有序地呈现在大家面前。

⑯活动管理系统：将场地供应商、参会管理、会议营销、客户管理有机地整合到一起，有效地控制成本，提高工作效率，更能增加会议的参会率。

⑰留言反馈系统：该留言板的特点就是当有人提交留言之后，程序会自动发送一封邮件到管理员设置的QQ邮箱里面或是后台系统，让企业第一时间了解用户需求。

⑱PDF管理系统：首先把Word文件转换成PDF文件，上传到服务器上，让用户点击页面下载到手机上，方便用户阅读。

⑲移动商城系统：是指把企业商铺开在"空中"，自由移动，让企业经营握在手中，随时随地经营。

⑳个人中心系统：系统中会显示修改用户信息的选项，点击进入后，

就可以在这里修改管理您的个人资料了，简单方便。

㉑项目管理系统：就是项目的管理者应用专门管理项目的系统软件，在有限的资源约束下，运用系统的观点、方法和理论，对项目所涉及的全部工作进行有效管理。对从项目的投资决策开始到项目结束的全过程进行计划、组织、指挥、协调、控制和评价，以实现项目的目标。

㉒公告管理系统：是一套基于数据库管理的公告发布管理系统，前台用户可以查阅公告，后台管理可以添加、修改、删除公告等。

㉓信息安全管理系统：是指在对组织内部和外部信息的有效管理基础上，为企业、单位和组织提供决策支持的工作。在社会发展过程中，人们充分地利用了计算机的巨大优势，迅速准确地处理大量数据和信息。信息系统管理是信息管理的重要工作内容之一。

㉔会员卡管理系统：是针对连锁专柜、专卖店、直营店、消费娱乐场所等业态开发的会员综合管理平台，以会员卡营销方式为主，发展会员制及多功能的会员卡功能，可以帮助企业扩大消费群体，实行收银、会员卡、积分、充值、会员分析一体化管理；通过系统对会员消费数据的分析，获取忠诚度和消费水平高的会员、销量高的产品等数据信息，以便管理人员动态和科学地调整市场策略，促使企业会员忠诚度提高、产品类别优化、增加企业销售额和利润。

㉕发帖系统：手工录入每天发帖的链接，每天自动检测链接是否失效。

㉖帮助中心系统：帮助用户快速了解企业提供的帮助。

㉗加 V 认证系统：简单来说就是做了付费推广的企业或商家的信誉标识，就像 QQ 的 VIP 一样。

㉘分享系统：可以把企业链接通过微信、微博、QQ 等平台进行分享

传播，让更多的用户简单快速地了解相关信息。

㉙ 密码管理系统：该系统是根据自身业务需求进行开发的，针对密码管理安全有需求的用户。

㉚ 智能名片系统：提供帮助企业或个人进行品牌传播的精美系统模板，模板也可以根据用户自身需求量身定做，方便客户了解个人或企业信息。

㉛ 跳转系统：从一个正在使用的资源打开另一个将要使用的资源。

㉜ 推送系统：推送技术通过自动传送信息给用户，来减少用户在网络上搜索的时间。它根据用户的兴趣来搜索、过滤信息，并将其定期推送给用户，帮助用户高效率地发掘有价值的信息。

㉝ 扫码系统：用户可以通过企业开发的 APP 或安卓上的扫码功能快速读取对方码里面的信息。

㉞ 订单应用系统：是客户关系管理的有效延伸，主要是订单执行的管理，即对订单情况的记录、跟踪和控制。

㉟ 抽奖系统：抽奖工作人员可以输入不同的抽奖号范围，选择不同的中奖等级。

㊱ 优惠系统：通过折扣卡、积分消费、返利、电子提货券等方式解决了传统消费券常见的假券问题，并减少了人工检验清点的消耗，用电子化手段推动了传统会员营销方式的变革。

㊲ 电子券系统：指以各种电子媒体（包括互联网、彩信、短信、二维码、三维码、图片等）制作、传播和使用的促销凭证。

㊳ VIP 系统：是企业、商家用于对会员进行有效管理的 IT 系统。通过 VIP 系统，企业可以记录所有会员客户的资料，了解用户的兴趣爱好、消费特点、意向需求等，同时针对客户的需求，为其提供优质的个性化服务。

㊴手机支付系统：根据企业自身需求，提供一种与企业产生交易的结算方式，如微信支付、支付宝支付等支付系统。

㊵商协会应用系统：方便商协会管理会员及会员项目，同时提供会员在线交流、项目互动等应用系统。

㊶RFID射频感应系统：是一种非接触式的自动识别技术，它通过射频信号自动识别目标对象，可快速地进行物品追踪和数据交换。

㊷搜索系统：是指根据一定的策略、运用特定的计算机程序从互联网上搜集信息，在对信息进行组织和处理后，为用户提供检索服务，将用户检索的相关信息展示给用户的系统。

㊸在线咨询系统：又叫在线客服、网页即时通讯、网站在线客服，相对于传统的电话客服系统，网站客服系统具有易部署、低成本、易管理的特点，和网站相结合，可以说符合未来新兴的商业模式，同网络贸易相得益彰。

㊹订阅系统：是在借鉴图书情报管理系统中的传统期刊管理架构，结合现代书店对图书期刊的进出库管理要求，同时整合市场条件下的会员卡办理使用等实际需要基础上开发的一种综合管理系统。

㊺预约系统：应用电子计算机和数据传输系统，集中办理预售票务或咨询挂号等业务的自动化系统

㊻公益系统：通过系统展示，企业从长远着手，出人、出物或出钱赞助和支持某项社会公益事业的公共关系实务活动，让用户参与并了解企业的公益行为。

㊼音乐系统：点击进入后，音乐自动播放，客户在美妙的音乐中浏览

企业文化内容或个人专辑，从而增强用户的体验感。

㊽ H5 互动系统：利用 H5 技术实现更好的动态展示、特效、交互等操作，比如很多品牌在开展活动的时候都有一些微信 H5 小游戏，这种方式可以在微信平台上较容易地进行传播。

㊾ 招聘系统：这种基于互联网的招聘管理平台旨在协助 HR 以更高效的方式完成对企业外部人才的吸引、识别、筛选及录用工作。作为人才管理平台的组成部分，招聘管理模块已经被大多数企业所采用，成为其迈向人才管理时代的第一步。

㊿ 3D 展示系统：是互联网产品展示的一种新型方式，其主要原理是利用相机对产品进行 360 度拍摄，再通过图片拼接技术进行合成，制作出 flash 或 gif 动态效果，从而让消费者能够与之互动，更全面和直观地展示产品。

(51)友情链接系统：也称为网站交换链接、互惠链接、互换链接、联盟链接等，是具有一定资源互补优势的网站之间的简单合作形式，即分别在自己的网站上放置对方网站的 LOGO 图片或文字的网站名称，并设置对方网站的超链接（点击后，切换或弹出另一个新的页面），使用户可以从合作网站中发现其他的网站，达到互相推广的目的，因此常作为一种网站推广的基本手段。

(52) 投票系统：基于网络的一种投票收集及统计的系统，比传统的投票统计更为方便、快速、准确。

(53) 框架优化系统：为企业提供网络平台布局的合理性和用户的体验感，增加平台对用户的黏度，好的框架优化可以提高浏览或下载的速度。

(54) 配色系统：崭新的中文视窗式操作软件，可帮助提高产品色彩质量，提供准确颜色匹配的专业配色系统及颜色品控软件，配合爱色丽分光光度仪使用，五种解决方案可以满足客户在生产的任何阶段对颜色控制的需求、对颜色的辨认等。

(55) VR 展示系统：模拟产生一个三维空间的虚拟世界，提供给使用者关于视觉、听觉、触觉等感官的模拟，让使用者如同身临其境。

(56)一键置顶系统：通过一键点击就可以让一篇文章一直在这个版面的第一页，这样客户一进这个版面首先看到的就是这篇文章。

(57) 文字展示系统：为浏览用户提供文字内容展示。

(58) 点赞管理系统：为浏览用户与企业建立互动，通过点赞统计，可以了解企业某项活动受客户欢迎的程度。

(59) 行程管理系统：为个人或企业提供行程内容的管理服务，方便用户了解企业的活动行程。

(60) LBS 应用系统：基于位置的服务，它是通过电信移动运营商的无线通信网络（如 GSM 网、CDMA 网）或外部定位方式（如 GPS）获取移动终端用户的位置信息（地理坐标或大地坐标），在 GIS（Geographic Information System，地理信息系统）平台的支持下，为用户提供相应服务的一种增值业务。

以上六十项三维码系统从企业的全方位出发，致力于提供从品牌营销到运营管理一站式编码应用解决方案。在当今互联网时代下，绝大多数企业必将面临从传统行业向“互联网 +”转型问题，而三维码六十项系统的诞生正好能够加速这个升级过程。

第三章

三维码带来新商机

　　随着移动互联网使用量的持续增长，手机网民规模已超越传统 PC 网民规模。三维码作为线下与线上的传感器，建立起虚拟与现实之间的桥梁。在物联网的产业链中，三维码是用户最方便的应用方式，因此三维码技术的防伪溯源、互动营销应用也为传统行业带来了更多商机。如果我们不能掌握三维码的应用价值，就相当于失去一次挖掘财富宝矿的机会。

三维码靠什么创造新商机

在这个看"颜值"的时代，三维码充分展现了个性潮流。通常，我们看到的"二维码"多是由黑白方格组成的矩阵图案，表现形式单一。这些看上去排列无序、毫无美感的小方块，让人感到乏味，甚至对该品牌失去兴趣。因此，当"二维码"不断地以呆板形象出现在美艳的海报、绚丽的 LED 大屏、精心制作的电视画面中时，已不能激起人们扫描的兴趣，从而使扫码率大大降低。那么，如何才能创造新意，让人们瞬间获得惊喜？如何能让"码"变得好玩、有趣、引人注目？

三维码（厦门）网络科技有限公司自主开发的三维码服务平台（以下简称"三维码平台"）于 2015 年举行的 CIECCHINA2015"互联网＋"创业大会上正式推向市场。这一平台的推出彻底颠覆了二维码的"黑白配"，它结合数字空间与大数据应用，为品牌商提供更好的服务与应用。

三维码平台具有创建三维码、扫描三维码、设计服务、API 接口服务、个人空间管理等几大功能。用户可以在 PC 和移动设备上进行操作，无论是企业用户，还是普通消费者，都能在平台上获得个性化服务，从而获得创意十足的个人码、企业宣传码、海量产品防伪码。

由三维码平台提供的编码，采用融合美化的算法，实现了图像与码的完美结合，使得三维码的表现形式更为丰富。

1. 图形美化

通过添加背景、添加前景、设置变形类型、改变颜色等操作，实现形状、颜色、背景的各种变化，从而生成彩色、个性化、美观的创意三维码。经过三维码的算法，可轻而易举地嵌入任何图像、标志或广告中，为消费者带来全新的视觉感受，从而有效避免了传统黑白"二维码"色彩单调、形象不佳、用户体验差等问题。

2.活码

平台生成的三维码可以采用"活码"技术进行管控，内容可随时更改。品牌商可以根据市场营销的需要，在不同时间段为用户提供不同的数字信息。

一、应用场景分析

三维码不是孤立存在的，它的背后是信息与互动的延伸。通过三维码，消费者以快捷的方式进入设计者所提供的应用场景。常见的应用场景如下：

1.个人场景应用

个人消费者使用三维码主要是在社交领域，为了满足分享、展现和防伪需求。在三维码平台上制作个人三维码，包括文本三维码、文件三维码、网址三维码、微信三维码、名片三维码等。无论是图形的美化还是图像的美化都能吸引用户的眼球。扫码后展示个人的数字信息，例如一段优美的音乐、温馨的祝福语。

2.营销互动应用

营销互动服务模块是品牌商非常关注的功能。根据不同的产品，广告商策划制作不同的数字内容，设计引导性的语言让消费者主动扫描营销码。通过这种信息载体，有效地吸引流量，帮助商家随时随地获取用户信息。用户也可以非常方便地与商家直接互动、对话。

3.防伪溯源应用

在我国，防伪技术产品的市场需求量大，发展速度快，成果喜人。防伪技术产品的应用已从国家公共安全方面的身份证、护照、人民币、土地证、国库券、增值税发票等，延伸到民众消费领域。

现有的防伪技术以采用物理材质为主，防伪工艺要求严，专业性强，过于复杂，且与用户没有互动反馈的功能。市场需要新的电码防伪技术。三维码防伪被业内人士称为最前沿且最有现代感的防伪技术，消费者扫码后能获取产品介绍、防伪查询、追根溯源、积分换礼、电子商务、用户互动等功能。

二、增值服务：融合数字空间与大数据技术

三维码深层次的应用都是由后台的大数据与数字空间来支撑。数字空间可以为人们展示静态内容、动态内容和音视频内容，由这些元素组合成人们熟悉的应用场景。用户交互行为与地理位置信息存入大数据平台。大数据就像最得力的管家，经过采集、整合、分析、挖掘，得出对商家有帮助的数据与信息。通过大数据技术可以了解客户诉求，例如，客户在哪个时段、哪种情形下更加关注产品，基于这些分析来改进产品，可以让产品更贴合客户需求和意愿。

无论何种技术，它总是服务应用。当技术与人们的创新思维联系在一起时，新的形态总能发挥与众不同的效应。"三维码"成本低、见效快，并且有大数据与数字空间的技术支撑，所以它必将成为一项快速应用、快速普及的物联网技术。

三维码应用平台可以用较低的成本实现商品全流程的防伪、追溯、防窜

货、营销互动。整个方案由可变数据软件、三维码技术、超线技术、大数据分析、赋码设备组成。由于这些产品与技术都来源于电子技术提供商，它具备天然的聚合优势。三维码平台也提供 API 集成服务，通过 API 接口与其他应用系统实现集成，通过协同完成生产、包装、出入库管理、物流管理、销售渠道管理。

"新兴产业和新兴业态是竞争高地。"移动互联网、物联网、大数据、云计算作为新一代互联网技术的产物，不断趋于成熟。2015 年"互联网＋"正式出现在政府工作报告中，制造业也开始关注信息化与工业化的融合。那么，印刷行业不能再保持"淡定"，必须思考如何将"互联网＋"、数字印刷技术、喷墨技术进行结合并创新，从而更好地服务上游品牌商及终端消费者，快速利用新的技术去帮助企业提升差异化的竞争力。

三维码连接一切商业群体

三维码虽然现在还没有普及，但是，借助于"互联网＋"这一国家战略的风口，移动互联网领域将会迎来迅猛的发展，而和移动互联网息息相关的三维码，自然也会随着移动互联网的发展水涨船高。所以，三维码的迅速普及是早晚的事。

古人云：宜未雨而绸缪，毋临渴而掘井。凡事只有做到防患于未然，才能达到事半功倍的效果。在三维码还未普及之时，我们应该抢占先机，深入了解和掌握它的适用群体，这样在进行三维码营销时，才能因人而异地提出解决方案，保证三维码营销获得最大的成功。

三维码独特的核心优势就是可以连接一切商业群体，这对于企业和商家来说，无疑是巨大的商机。那么，三维码可以连接哪些具体的商业群体呢？一般来说，以下几类群体是三维码营销的最佳目标群体。

　　主要目标群体分三类：个人、企业、政府。

　　个人：个性展示、有趣好玩。

　　企业：品牌宣传、防伪、商业应用等。

　　政府：主要应用于证、章、卡、照及行业应用等。

1. 不让微信变"危信"，三维码出奇招

　　三维码的使用主要基于智能手机上的扫描软件，而只有智能手机才能下载此类扫描软件。如今我国的移动互联网市场已经得到了空前的发展，这也让智能手机普及率非常高，加之极具性价比的国产千元机当道，所以几乎人手一部智能手机。

　　有了智能手机的人基本上都会玩微信，毕竟微信是当下最热门的社交软件，一个不玩微信的人甚至难以融入自己的朋友圈和交际圈中，给人一种不合群、另类的感觉。但是，当微信成为一种社交潮流后，其带来的负面影响也逐渐出现了。就连央视的《焦点访谈》都播出了"莫让微信成危信"的节目。该节目评论称，"微信微信，只能微微信"，一个个案例提醒人们，微信在提供给人们便利和快乐的同时，也可能给不法分子以可乘之机——被骗财、骗色，甚至丢掉性命，这给很多微信使用者造成了很大的困扰。

　　微信变"危信"最普遍的表现形式则是微信的头像和名称被盗用，使得朋友圈好友无法分辨其身份真假，从而导致上当受骗，让不法分子得逞，造成极大的财产损失。

　　如今，有了安全系数极高、防伪性能极强，且带有头像防伪功能的三维码，就可以很好地避免这一"微信变危信"的悲剧发生。因为即便有不法分子冒用你的三维码，它也无

法篡改后台数据，其他人在扫描和你相同的三维码后，依然会链接到你的真实数据，不法分子完全没有可乘之机。所以，未来智能手机使用者将会成为三维码的忠实粉丝。

2. 对产品有深入了解意愿的用户

中意于一款产品的消费者，自然想更加深入地了解该产品，比如了解该产品的详细信息，或是对该产品进行防伪溯源等。这时候他们就会通过扫描三维码，进一步获取更加详细的信息。当然，要想让这一群体通过扫描三维码来获得更详细的产品信息，首先要让他们有这种习惯。不过，前期已经有了二维码应用的铺垫，这一群体早已形成了扫码习惯，这为他们使用三维码带来了得天独厚的条件。

3. 追求时尚的消费者

任何新生事物都是追求时尚的消费者们首先青睐的对象，他们标新立异、追求时髦的生活态度，让他们总在不断地寻求新生事物，所以，三维码必定是他们青睐的对象，并且三维码美观、时尚的风格更容易让他们把目光从二维码身上转移过来。他们心里还会有这样一种情愫：有三维码的产品，自然要比有二维码的产品更有品质和档次。

追求时尚的消费者群体

所以，三维码将是此类群体的心爱之物，这一群体也必将是推广三维码应用的中坚力量。任何时候，追求时尚的消费者都拥有强大的影响力，他们的行为可以改变周围人的行为，在他们扫描三维码这一行为的带动下，其他群体也将很快融入扫描三维码应用的大军中。

一般来说，追求时尚的消费者可以分为三个群体：

（1）学生

在如今的时代，上到"90后"大学生，下到"00后"小学生、初中生，他们都是科技产品最有潜力的使用者。事实也证明他们对科技产品的使用有着与生俱来的天赋，即便是10多岁的孩子，在没有人教的情况下，依然能够无师自通地玩转智能手机。而且，学生群体是新鲜事物的传播主力之一，他们有强烈的好奇心和过人的学习能力，很多IT企业只要成功地在学生群体中推广一款软件，很快就会带来巨大的流量和销量。所以，学生群体有足够的条件成为三维码的使用者。

（2）白领阶层

白领阶层一直都是时代的弄潮儿，追求时尚是他们生活的一部分，任何新鲜事物都少不了他们的身影，并且白领都是"手机控"，也有网上购物的习惯，这为他们使用三维码创造了很多条件。

（3）年轻打工者

年轻的打工者和学生群体一样，对新鲜事物都有很强的接受能力，他们也时刻唯恐跟不上时代潮流，担心被社会淘汰。所以，三维码作为新时代的典型代表，必定是他们青睐的对象。

4. 关注优惠信息的消费者

物美价廉的产品人人皆爱，每个消费者都希望花更少的钱买到更好的产品，所以他们会不时地关注产品的优惠信息。一般来说，在当下的产品营销环境中，产品的优惠信息都会和扫码挂钩，所以，消费者要想获得更多的优惠，就必须通过扫描三维码来获得。当然，这需要商家提前将各种优惠信息载入三维码中。

5. 用三维码进行营销的企业、商家

消费者与企业、商家永远是一个整体，有了消费者，才会有企业、商家，有了企业、商家，就需要有消费者，彼此谁也离不开谁。自然，消费者需要扫码来关注优惠信息，企业、商家自然需要为消费者提供扫码条件。所以，三维码是企业、商家开展产品营销的重要环节。

三维码的适用范围非常广泛

三维码优于二维码已经是个不争的事实，所以，二维码适用的范围三维码也同样适用，二维码不适用的范围，三维码仍然适用。那么，三维码都适用于哪些范围呢？下面我们来做一个简要的解析。

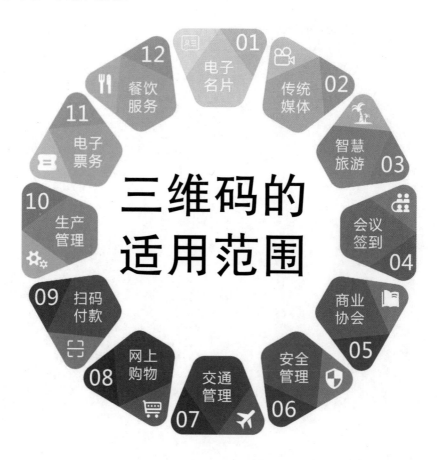

1. 电子名片

三维码名片让电子名片进入了 2.0 时代，它拥有更大的信息储存量，更具视觉识别性。丰富的色彩和精美图片（照片）能够促进品牌（个人）的唯一识别性，令人印象深刻。三维码名片还可以作为用户了解企业品牌及个人品牌的入口，直接导向企业网站、个人微博（主页）、品牌商城等，大大提升互动性，更具营销效果。

Xiao Ma

Customer Manager

0592-6666168

CN3WM (Xiamen)Network Technology Co. Ltd
Address 6th Floor. Block B. Fengrun Financial
Center, No. 100% Anling Road, Huli District,
Xiamen, China

2. 传统媒体

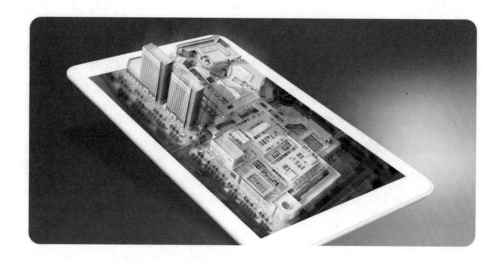

由于移动互联网的兴起，传统传媒业在传播渠道及传播形式上受到冲击，三维码的出现改变了传统媒体多年来的单向传播方式，有效地破解了当前传统媒体缺乏与受众互动的难题，使得传统媒体能够突破平面的限制，可以自如地与消费者通过手机实现即时互动。

具有图像的三维码能够让传统广告变得更具有吸引力和互动性，让实际测试使用三维码后的（报纸、杂志、海报、DM 单等多种传媒介质）扫码有效性提升50%~500%。

3. 智慧旅游

旅游经济是当今地方政府的主力发展项目，三维码的应用能够推动智慧旅游全面发展，让其变得更人性化、科技化。当景区和三维码结合起来后，三维码可以化身为一个高级向导，它能为游客提供专业的景区路线指引，在游前、游中、游后为游客提供智能、便捷的游览体验。并且，三维码丰富的色彩还可以和景区融为一体，毫无违和感，成为景区内的一道独特风景，游客通过扫一扫三维码立刻了解景点、景观、展品等历史信息和详细介绍，知名小吃、特产，轻松扫描就能确认"真身"避免购买假货，可谓一举多得。

4. 会议签到

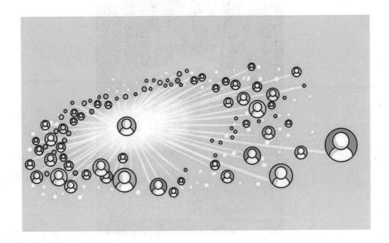

　　放眼当今会议模式，在来宾签到环节，一直无法为来宾身份识别提供一个较为周全的解决方案。三维码编码应用解决了这一问题，首先每一位来宾的三维码都是专门定制的，将照片跟码编写结合在一起具有唯一识别性，除了通过肉眼识别来宾身份，还能通过扫码证实该编码真实性，在实现双重保险的同时，让整个签到过程都在无纸化中进行，省去了传统会议中的签名、填表以及会后再整理信息的麻烦，大大提高了签到的速度和效率。

　　另外，结合三维码编码技术应用，可实现来宾签到的同时自动将来宾三维码投射到 LED 屏幕上进行互动（抽奖、摇红包、现场问答等环节），让整体活动更具互动性和营销目的。

5. 商会协会

如今，随着三维码的价值被越来越多的人认识到，它也渐渐得到了普及。目前已经有很多商会、协会开始运用三维码管理它们的会员。管理的方法非常简单，只需将每个会员的详细信息，比如公司网页、公司成就、公司业务范围、需求等都收录到三维码里，并且为每个会员单位设计具有统一商会 LOGO 的三维码。这样一来，商会具有统一识别性，体现了下属会员单位和商会的密切关系，具有品牌关联性。

商会或协会在对外公关宣传活动中，可以通过三维码对会员单位进行信息分类梳理，让有业务需求的客户能够通过扫码直接对接会员单位的服务或产品介绍，成功打造资源互换、供需对接平台。

其实，三维码的适用范围远不止以上六种，它几乎可以运用到我们能够想象到的任何领域，比如网上购物、资讯阅读、管理生产、电子票务、餐饮服务、扫码付款等众多领域。而且也有专家已经明确表示，三维码将成为融合移动互联网、电子商务、云计算等领域的下一个金矿产业。所以，未来，我们将会随处可见色彩斑斓、充满艺术气息的三维码。

三维码的营销优势

三维码作为二维码的迭代产品，是二维码产品或服务的延伸，它不仅拥有二维码无法比拟的各种功能，在营销方面同样是优势众多。除了我们在前面讲过的信息容量大、纠错能力强、编码范围广、容易识别和防伪性能好等优势外，它还有其他方面的营销优势。尤其是以下四种营销优势，更值得我们关注。

1. 可引入加密措施

营销，同样讲究安全第一。试想一下，企业、商家在进行三维码营销时，如果无法保障安全，某些不法分子伺机在三维码上植入病毒，那么消费者在扫码以后，就会遭受各种损失，比如手机中毒、网银密码被盗、账户上的资金被划走等。三维码编码技术自身处于闭源式状态下，所以三维码便具有较高的安全性。三维码自身可引入加密措施，可以有效地避免这一不良状况的发生。

中国反侵权假冒创新战略联盟成立大会于 2015 年 1 月 23 日在北京召开，这个领域的许多重量级人物都出席了此次会议。比如中国产学研合作促进会常务副会长王建华、全国打击侵权假冒和制售假冒伪劣商品工作领导小组办公室副主任柴海涛、国家版权局版权管理司司长于慈珂，以及来自全国"双打"工作领导小组和其他相关部委的领导等。

阿里巴巴、京东、小米、聚美优品等互联网领域的知名企业的相关负责人也出席了会议。会上，专家团针对三维码这项技术创新展开探讨，并一致认为：三维码是全球领先的具有中国自主知识产权的新一代编码技术，具备光谱加密、防复制、实名制注册等安全特性。通过移动客户端对三维码进行扫描识读，实现诚信企业商品的流通跟踪管理、来源追溯、综合信息的电子化，从而形成来源可追溯、去向可查证、真伪可辨别的安全追溯链条，为政府、企业及消费者提供商品信息管理和查询服务，在消费者和诚信商品之间搭建更直接更全面的多功能连接桥梁。

"专家们一致表示，三维码将是打通移动互联营销和微商，为中国反侵权假冒创新战略联盟提供强有力的技术服务和支持的重要武器。"

一般来说，自动生成的三维码和二维码一样，都不带有加密措施，要想使三维码具有保密性，则需要在编码时对三维码进行加密处理。加密后的三维码，拥有极高的保密性。这也是三维码将在我国工商管理、金融税务、物流、贵重物品防伪、海关管理等众多领域被广泛运用的原因。比如在贵重物品收藏领域，商家可以在名贵字画、珠宝上使用三维码，可直接储存图像，起到有效的防伪作用。

2. 成本低

三维码作为一种可以承载大量信息的产品，它的使用价值是非常高的。但和它的高价值相比，三维码的制作成本却是非常低的。因为它不需要纸张、不需要画笔，我们可以直接在电脑上制作出三维码。

3. 尺寸可变

由于三维码是色彩组合结构，对图形进行放大或缩小，并不会影响图形中的色彩排列，也就不会影响对三维码的读取，这可以让它的识别距离最远可以达到 50 米左右，有效识别半径达到 20 米，这些优势都可以使其随心所欲地改变自己的尺寸。因此企业、商家可以根据自己的实际需求更改三维码的尺寸，比如将三维码做成一个巨幅广告牌，让消费者在很远的地方就可以看到并对其进行扫描。

4. 定位和监控营销效果

在传统的营销平台中，企业、商家将广告投放到户外媒体、报纸杂志、广播电视等宣传媒介后，消费者便开始被动地接收企业、商家传播的广告信息，这种营销方式有两大弊端，一个是企业、商家无法收到消费者对该广告信息的反应和反馈，很难知晓消费者对该广告的真实评价；另一个是由于消费者与企业、商家之间缺乏有效的互动桥梁，消费者无法与企业、商家开展互动，无法更深入地了解产品信息，这势必会极大地影响营销效果。

有了三维码这个互动桥梁，消费者与企业、商家之间的沟通机制就成熟了。通过三维码，企业、商家可以跟踪和分析每一个媒体、每一个访问者的访问方式，以及访问总量，甚至是访问地点。通过三维码获得的各种宝贵数据，企业、商家就可以制定出一系列精准的营销手段，比如选择最优的媒体、最优的广告位、最优的投放时段、最优的设计方式等，从而获得最理想的营销效果。

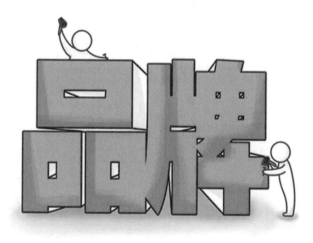

5. 品牌契合度高

　　三维码在设计过程中有极大的随意性和创意性，这就为在三维码中植入品牌提供了无限可能性。企业、商家在设计三维码时，可以结合品牌专属设计，使其与企业品牌需求相得益彰。如此一来，消费者看到该三维码，就相当于看到了该品牌。这对于提高品牌知名度、扩大品牌曝光率是一种行之有效的方法。

三维码的制作形式五花八门

三维码有大量的目标用户群体，有广泛的适用范围，它自然也有多种多样的表现形式，这正是它可以横跨各个行业与领域的资本。那么，三维码都有哪些制作形式呢？下面我们列举几个比较常见的。

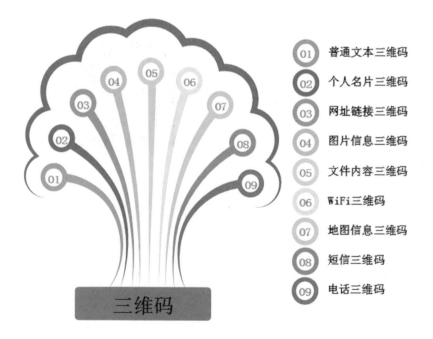

01 普通文本三维码

02 个人名片三维码

03 网址链接三维码

04 图片信息三维码

05 文件内容三维码

06 WiFi三维码

07 地图信息三维码

08 短信三维码

09 电话三维码

三维码

1. 普通文本三维码

　　三维码具有信息含量大的特点，所以，利用三维码进行信息的压缩成为最常见的三维码制作形式。我们在制作普通文本三维码时，可以将自己想要传达的文本信息写出来，然后将其一键生成三维码。当扫码者对该三维码进行扫描时，我们所要传达的文本信息就会显示出来。由于三维码信息容量非常大，所以我们可以尽可能地将文本信息写得详细一点。当然，前提是要分清主次。

2. 个人名片三维码

Xiao Ma

Customer Manager

0592-6666168

CN3WM (Xiamen)Network Technology Co. Ltd
Address 6th Floor. Block B. Fengrun Financial
Center, No. 100% Anling Road, Huli District,
Xiamen, China

　　随着移动互联网的快速发展和三维码的逐渐普及，三维码智能名片将会成为每个时尚白领或高端人士的标配。要想不被时代潮流淘汰，最好能为自己制作一个合适的三维码名片。我们在制作三维码名片时，只需要将自己的姓名、职业、联系方式、个人网址、办公地址等主要信息罗列出来就可以了。其他人只要扫描一下相应的三维码，就会获得详细的联系方式，并轻松储存到他们的手机中。所以，三维码智能名片能实现一键电话、一键邮箱、一键导航等诸多便利性服务，它不仅比传统名片更易携带、易传播，还更低碳环保。

3. 网址链接三维码

制作网址链接三维码的原理和制作普通文本三维码、个人名片三维码的原理是相似的。只要在指定的板块中输入网址链接，然后一键生成，就可以得到一个网址链接三维码了。消费者在扫码后，页面就会自动跳转到我们指定的网站上。

不过，我们在制作网址链接三维码时，一定要特别注意不要输错了网址。很多人在制作网址链接三维码时，往往会忽略输入"http：//"，有些免费制作网址链接三维码的网站或软件会为我们预设"http：//"，但如果我们在制作三维码时直接复制网址栏的内容，结果就会变成错误的网址，如"http：//http：//www/cn3wm.com"。为了以防万一，在生成网址链接三维码后，最好自己先扫描一次，看是否存在错误。

4. 文件内容三维码

文件内容三维码是指将某些文件制作成三维码。三维码的大容量足以将一些文件加载进来。生成文件内容三维码的方法和前面几种原理一样，只需要选择目标文件，然后一键生成即可。将文件内容生成三维码后，就可以将其储存在手机内，需要时只要扫描一下该三维码，就可以完成读取，既方便携带又不容易丢失。

5.WiFi 三维码

在移动互联网无孔不入的当下，几乎每个人都是手机控，每到一个新的地方，所做的第一件事都是先打听该地方的 WiFi 名称是什么、密码是多少，然后一个数字一个数字地输入密码，对于追求简单快捷的人来说，这一流程无疑是烦琐的。如今，我们可以通过将 WiFi 生成三维码的方式来解决这一烦琐流程。

有了 WiFi 三维码，我们可以直接将其发送给朋友，朋友一扫即可实现 WiFi 连接。企业、商家可以将 WiFi 三维码张贴在店里的明显位置，顾客只要一扫三维码，就可以实现 WiFi 连接，此举可以大大提升客户的服务体验，是赢得客户好感的好方法。

此外，三维码还有地图信息三维码、短信三维码、电话三维码、说明书三维码等诸多制作形式，其原理和方法与上面几种一样。不管制作什么形式的三维码，在制作完成后，都需要将其保存起来，这样才能随时将三维码发送出去或者将其展示给相关群体。当然，制作三维码时，其艺术性越高，越有创意，给人的视觉冲击力就越强，这自然也需要专业人士来完成。

第四章

三维码+大数据

三维码作为企业、商家进行产品营销、会员管理的利器，它的价值不仅仅在于能为消费者提供购物扫描、各种优惠，还在于它能够为企业、商家的大数据战略提供巨大的帮助，为企业、商家提供精准的数据分析功能，让企业的营销决策更精准。

三维码的大数据战略

三维码强大的数据容量特性，为其作为大数据战略的载体提供了坚实的基础。企业如果能利用三维码开展大数据战略，那么无疑会让企业的营销达到事半功倍的效果。而要了解三维码的大数据战略，首先要了解三维码与大数据之间的关系。这一关系主要体现在以下三个方面。

1. 三维码让数据瞬间生成

在"互联网+"时代，数据就是财富。企业只有掌握丰富的数据资源，才能拥有强大的竞争力。因为在这个时代，所有的决策都不再是拍脑袋决策，不再是依靠以往的经验和对市场的预测来做决策，而是依靠数据来做决策。只有依靠数据做出的决策，才最符合市场的发展态势。所以，企业收集、积累、分析数据就显得非常重要。

有了三维码，这一项看似无比艰难的工作就变得非常容易了。因为只要企业把三维码展示到消费者面前，消费者用手机扫描后，三维码的系统后台就会自动收集并保存消费者的信息，而这一过程在瞬间就可以完成。

⟠ 2. 三维码让企业更了解消费者的真实需求

　　某咖啡品牌网店为了获取客户对网购咖啡的真实口感评价及进行数据收集，巧妙地利用三维码作为营销工具进行数据挖掘。具体做法是这样的，在三维码营销活动中，当顾客购买了咖啡后，可通过扫描包装上的三维码参与互动活动，填写年龄、身份、口味习惯等信息就可以获得一定金额的现金返利并参与抽奖。如此一来，就可以掌握客户的真实需求和消费信息，在下一次营销活动中，就可以为不同口味偏好、消费习惯的顾客设计不同的含餐品套装，从而针对不同的群体进行差异化营销。

企业、商家在进行三维码营销时，千万不要狭隘地看待三维码的价值，把它仅仅当作优惠打折的工具，更要重视它带来的各种数据，这些数据是企业开展营销工作的重要保障，是极具营销价值的。只有根据三维码获得的各种数据进行客户真实需求分析和挖掘，营销才能更有效。

3. 三维码可以帮助企业实现专属服务

不同的客户，在兴趣爱好、消费习惯、审美品位等方面都有显著的差别，如果企业在营销过程中不懂得加以分别对待的话，自然难以收到良好的营销成果。而如果人为地对客户进行区分的话，显然要耗费大量的人力物力。

如今有了三维码，这一难题就可以迎刃而解。客户在扫描三维码的过程中，三维码后台系统就会根据客户的具体信息进行分类。比如客户的信息中写着喜欢灰色、不爱热闹，那么通过系统筛选，企业在为客户推荐产品时，就可以为其推荐冷色系的产品。也就是说，有了三维码的帮助，企业就可以为客户提供一对一的专属服务，这无疑可以极

大地提升客户的消费体验。

　　总之，企业只有了解了三维码与大数据之间的关系，才能更好地发挥三维码的营销价值和大数据转化价值。

三维码＋大数据，让营销更精准

在传统营销中，企业、商家往往会有很多困惑，比如，产品很好，可客户就是不买账；售后服务很周到，可就是无法赢得客户的信任；销售员口干舌燥说了半天，客户却只是淡淡地回一句"我想想再说吧"或者"我不需要"。

在移动营销中，此类问题同样层出不穷。比如，商家推出的优惠活动很给力，可客户就是不愿意参加；企业在产品价格上做了很大的让步，可客户依然不为所动；企业在很多渠道都做了广告宣传，可就是不见客户流量增加。

出现这一切问题的根源，就是因为企业不懂营销的本质。其实，无论是对于传统营销还是移动营销来说，都脱离不了营销的本质，就是挖掘客户的真实需求，然后满足他们的需求，这才是能让其签单的根本。

成功的营销不是如何去说服客户，而是根据收集到的数据，充分了解、挖掘客户的需求。只有将客户的真实需求挖掘出来，才能进一步选择和制定营销措施。而在这一过程中，一切都要以数据决策为主导。

一家餐厅老板为了提升餐厅的竞争力,特意停业了半个月,对餐厅的装修进行了全面升级。重新开业后,他还将餐厅以往用的二维码升级成了更加好看、和餐厅风格一致的三维码。同时,他推出了一项优惠活动。在每个餐桌的桌牌上都印上了餐厅的三维码,消费者只要扫描即可看到相关优惠活动,比如满200元可享9折优惠,满300元可享8.5折优惠,满400元可享8折优惠,并赠送精美礼品一份。

　　同时,他在餐厅的网站上和餐厅门口也将这一优惠活动公布了出来。本以为餐厅的装修升级和空前给力的优惠活动会给餐厅带来极大的客流量,短时间内就可以提升餐厅的竞争力和知名度,但令餐厅老板失望的是,优惠活动进行了一个月,客流量依然没有出现大量回升的现象,虽然前来吃饭的顾客都参与了扫码并获得了一定的优惠,但并没有给餐厅带来明显的客流,餐厅的知名度也没有得到显著提升。

　　问题出在什么地方呢?为了搞清楚这个问题,餐厅老板开始认真审核通过三维码获得的后台数据,经过一番细致的分析后,发现前来餐厅吃饭的人都是青年人,多数在20～40岁,且一般是三五成群来聚餐的。这些顾客主要是附近居民区的人,也是非常典型的“宅家一族”。很多时候如果不是为了吃饭,是绝对不会出门的,尤其是在周末的时候。原来餐厅的主要消费群体是一些收入偏低的工薪阶层和学生,选择前来就餐是因为菜品性价比高,口味适合,对用餐环境并不看重,新的装修反而阻挡了一部分原有顾客,认为装修豪华的门店消费价格一定有所提升。

　　经过一系列的数据分析,餐厅老板心中已经有了答案。但为了确保万无一失,他又通过系统后台与部分顾客进行了交谈,终于确定这些“宅家一族”的一大特征就是“懒得出去吃饭”。于是,餐厅老板立刻对营销策略进行了调整,不仅在三维码中添加了订餐、送餐功能，还决定为餐厅周围 3 千米内的顾客提供免费接送服务。

餐厅老板制定三维码营销策略的四个步骤

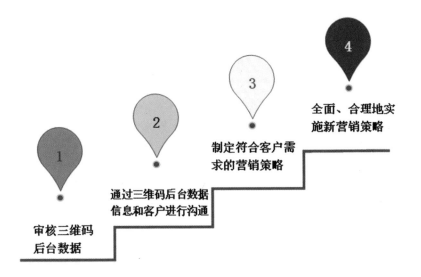

1 审核三维码后台数据

2 通过三维码后台数据信息和客户进行沟通

3 制定符合客户需求的营销策略

4 全面、合理地实施新营销策略

果不其然，餐厅老板改变了营销策略后，餐厅的顾客流量骤然大升，每天的销售额是以前的两倍多；加之提供免费接送服务，让很多客户受宠若惊，他们主动在自己的朋友圈里为这家餐厅打起广告来。口碑营销的巨大威力很快就让这家餐厅在附近的居民区、学校里出了名。

在这次营销活动成功后，餐厅老板非常感慨地说："以前由于没有真正做到重视数据分析的价值，一切凭着想当然做决策，从而难以准确地把握住顾客的真实需求，结果与顾客的真实需求南辕北辙，导致餐厅走了弯路，浪费了大量的时间和资源。当开始利用三维码产生的数据来追踪分析顾客的真实需求，并对这些需求进行验证后，餐厅才业绩大增。"

企业只有对三维码产生的各种数据进行细致分析，分析扫码客户的深层次需求，并根据这些需求制定合理的营销措施，才能满足客户的心理需求，制定的营销措施才能获得他们的青睐，受到他们的欢迎，企业的业绩才会成倍增长。所以，企业要想营销更精准、业绩更突出，就必须重视三维码带来的数据，并认真分析、挖掘数据背后蕴藏的价值。

加速数据信息转化，时刻保证最新数据

三维码的营销功能是非常强大的，如果企业、商家在运用三维码开展营销的过程中，发现三维码并没有给自己带来多么明显的业绩，这说明企业、商家在运用三维码开展营销的过程中犯了某些方面的错误，并没有全面发挥三维码的功效。

一般来说，很多企业、商家仅仅把三维码当成一种信息传输通道，通过三维码给感兴趣的消费者提供相关产品的资料，却忽略了将产品和服务与消费者捆绑到一起这一至关重要的策略。企业、商家只有将产品、服务与消费者捆绑到一起，才能随时随地地将产品、服务信息传送给客户，让客户第一时间获得有效信息，从而提升企业的营销成果。

企业要想让产品、服务与客户进行捆绑，首先要做的就是通过三维码来获取有用的数据信息，并对这些数据信息进行分析和转化，如此才能进行完美的捆绑。现如今，不少企业通过开展三维码的互动营销活动，虽然快速收集到了顾客的来源、关注点、反馈意见、使用体验等信息，但仅仅把这些重要信息当作一时的参考，参考完后就将其束之高阁了，等到下次有需要时，直接根据这些"原始"数据进行决策，而消费者的需求一直在不断变化，"原始"的数据无疑已经失去了决策价值。

所以，最稳妥、高效的办法，便是加速信息转化，时刻保证数据的新鲜性。只有这样，将客户与产品、服务捆绑起来的营销手段才能收到成效。

有一个朋友创建了一家国际商贸公司，公司的主要业务是向国内客户销售德国、法国的服饰、家居产品等。为了突出公司产品的品位，他在开展营销活动时，使用了三维码促销，不过，朋友为客户提供扫码服务，目的仅仅是让客户享受一定的优惠，除此之外再无其他扫码意义。当我知道朋友的这种做法后，我告诉他："这种营销方式是对客户资源的浪费，根本没有最大限度地发挥扫码营销的威力。你应该将所有扫码客户第一时间转换成企业的'粉丝'，使其成为后台系统的跟踪对象。就像微信公众号一样，通过将客户与公众号绑定，可以随时推送对客户有用的信息。这样一来可以提升客户的服务体验，二来可以提升企业的营销效果。当然，也绝不能仅仅止于推送，你还要及时转化数据信息，以便确保数据信息的新鲜性……"

最后，我还给他举了一些例子。比如说，客户在二次扫码时，他对三维码内的信息关注点有什么变化，在哪方面的信息上停留的时间最长，通过这些细微的变化，我们就可以得知客户在需求方面的变化，这时候企业就要及时更新数据信息，将客户的最新数据信息记录下来，如此才能更接近客户的真实需求。

总之，企业、商家在为消费者提供三维码扫描服务时，绝不能仅仅停留在肤浅的层面上，比如仅仅是将扫描用户的电子会员信息记录下来，然后根据数据信息提供相应的服务。一定要因时而异，加速数据信息转化，不断地更新客户的数据信息，确保企业根据数据信息做出决策，无限接近客户的真实需求。

第五章

三维码+ VR、AR、MR技术应用

　　未来 AR 与 VR 的广泛普及将改变人们的生活方式。而三维码的出现，不但将拓展 AR 与 VR 的应用范围，而且三维码正努力结合世界最先进的 MR 混合现实技术，将大力推动 MR 在中国的应用与普及。

　　三维码与 AR、VR、MR 技术相融合，其应用范围会更广泛。这种应用在商业上的价值将不可估量，将改变企业未来的产品宣传、营销形式，人们也会对企业品牌和产品有更直观、更深入的互动了解，这一切都预示着"三维码 +"时代的到来。

虚拟现实助力"三维码+"

三维码问世以来，很多知名企业已经开始利用三维码对品牌和产品进行宣导，三维码的商业价值已经凸显。技术研发进步是无止境的，新兴技术的融合可以创造出新奇迹。现在对 VR、AR 的概念人们已经不再陌生。三维码是一项具有延展性的技术，它除了肉眼可识别、更大储存量、更高安全性外，还可以结合 VR、AR、MR 技术带来非同一般的用户体验，在这个领域，三维码科技公司成立专项研发小组，募集了全球技术方面的顶尖专家进行三维码 +AR、VR、MR 技术商业应用开发。那么，在了解三维码 +VR、AR、MR 之前，让我们先来了解一下什么是 VR、AR、MR。

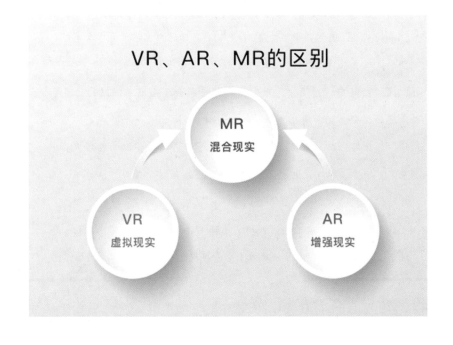

VR 是英文 Virtual Reality 的缩写，是虚拟现实的意思。现在 VR 已经成为一个新兴行业，而目前很多人对 VR 的概念还是一知半解。什么是 VR 呢？它是利用计算机产生模拟环境，通过一定的设备使人沉浸在虚拟的环境当中，像在真实世界中一样。

虚拟现实技术集合了仿真技术、计算机图形学人机接口技术、多媒体技术、传感技术、网络技术等多种技术，是一种具有挑战性的交叉技术研究领域。它包括模拟环境、感知、自然技能和传感设备等方面。实时动态的三维立体逼真图像是由计算机生成的，用来模拟环境。在感知方面，除视觉感知之外，还有听觉、触觉、力觉、运动等感知，甚至还包括嗅觉和味觉等，也称为多感知。自然技能是指人的头部转动，眼睛、手势或其他人体行为动作。传感设备是指三维交互设备。

目前，用户使用 VR 需要佩戴"头戴式显示器（Head Mounted Display）"，简称"头显（HMD）"。显示的内容可来自个人电脑、游戏机或手机。VR 显示最大的特点是"沉浸感"，会被完全"包裹"在虚拟世界中，当用户运动时，虚拟世界会完全随着眼睛的位置和角度而改变，就如同在真实世界中一样。VR 还有一个特点是"临场感"，让用户在一定程度上相信自己确实处于那个虚拟的世界里。现在 VR 除了在游戏、电影上应用之外，还在教学、医疗、旅游等方面开始尝试运用 VR 的生活场景。

香港金日集团就已经在使用三维码 +VR 技术，只要用手机扫一下这个三维码，就可以在手机屏幕上全景展现金日集团的产品展厅。

AR 是英文 Augmented Reality 的缩写，意思是增强现实。指的是一种实时地计算摄影机影像的位置及角度并加上相应图像、视频、3D 模型，在屏幕上把虚拟世界加在现实世界里进行互动。

　　这是一种把真实世界信息与虚拟世界信息相结合的新技术，就是把在现实世界里体验不到的这些实体信息，如视觉、声音、味道、触觉等信息，通过技术手段模拟仿真后再叠加，将虚拟信息应用到现实中，被用户感知，从而达到超越现实的感官体验。简单地说，就是把虚拟与真实叠加在一起。

　　AR 也是利用头盔显示器，将真实世界的信息与虚拟的信息同时显示出来，并且这两种信息相互补充、叠加，把真实世界与电脑图形多重合成在一起，可以使用户看到真实的世界围绕在周围。这种技术提供了在一般情况下不同于人类可感知的信息。

　　AR 场景可以通过移动端实现，例如著名的谷歌眼镜，但是普通的手机也可以实现一些基本的 AR 功能。在应用上这种技术可以让用户在观察真实世界的同时，也能收到和真实世界有关的数字化的信息和数据，对用户有所帮助。例如一个典型的应用场景是这样的：用户使用 AR 设备看到一家餐厅时，就会马上显示出特色菜、口味、装修风格、价格表等信息。AR 使用了多媒体、三维建模、实时视频显示及控制、多传感器融合、实时跟踪及注册、场景融合等新技术、新手段，可以广泛应用在医疗、建筑、教育、工程、影视、娱乐等领域。

MR 是英文 Mixreality 的缩写，意思是混合现实，是把现实世界与虚拟世界合并而产生的可视化环境。MR 是虚拟现实技术的进一步发展，是在虚拟环境中引入现实场景信息，把用户和现实世界和虚拟世界联系起来，形成一个交互反馈的信息回路，增加用户体验的真实感。

MR 与 VR、AR 的区别是，VR 是纯虚拟数字画面，AR 是把虚拟数字画面和人的裸眼看到的现实相加，MR 是将数字化现实与虚拟数字画面相加，能够实现全息影像和真实环境的融合。MR 把 VR 与 AR 的优势结合了起来，能够更好地使用户增加视觉体验。虽然 MR 出现得比较晚，但是它将成为未来的主流趋势。三维码科技公司已经在着力开发三维码 +MR 的应用项目，在 2016 年 9 月的厦洽会上，三维码科技公司就展示了这种技术应用。

VR、AR、MR 是当下的科技潮流，虚拟现实 (AR) 甚至被排在 2016 年十大科技趋势之首。这种虚拟现实技术给人们的生活带来了很多好处：在游戏领域，给玩家带来了沉浸感，体验更逼真；在旅游方面，使人们足不出户就能畅游世界各地，给用户

以实境体验。随着虚拟现实技术的发展和移动设备的推广，也给虚拟现实产业带来了巨大的市场。

可见，VR、AR、MR 的发展前景广阔，它们的应用范围也将越来越广泛。在"三维码 +"时代，将 VR、AR、MR 技术与三维码技术相融合，通过一个美观特别的三维码作为入口，使人们随时随地都能够进入一个虚拟现实的神奇世界，这将给人们的生活方式带来巨变。

三维码 +VR 技术应用

三维码和 VR 都是当下新兴的技术，它们在商业方面的应用前景广阔。三维码应用到商业后，受到了广大企业用户的热捧。现在开启了"三维码 +"时代，三维码与 VR 相结合会产生什么效果呢？下面我们以香港金日投资（集团）有限公司为例，来介绍一下三维码 +VR 混合技术应用的效果。

香港金日投资（集团）有限公司是一家集制药、医疗、金融、贸易、房地产为一体的多元化集团公司。集团旗下设有金日制药（中国）有限公司、厦门金盛药业有限公司、厦门金日科技有限公司等十几家子公司。主要产品有金日洋参、金日心源素、冰糖燕窝、高营养蛋白质粉等系列保健品。

金日集团与三维码科技公司开展战略合作，把三维码技术与虚拟现实技术相结合，制作成了金日集团三维码。只要扫一扫金日集团的三维码，就可以在虚拟现实系统中 360 度自由行走、任意观看金日展厅的每个角落，增加了客户对金日的产品和生产信息的了解和信任度。

　　三维码与 VR 相结合，可以用普通的手机在简单的扫一扫中就能观看企业的全景，甚至每个细节都有展示。可以说是用户在虚拟场景中，如同身临其境对企业参观了一遍，对企业有了更详细的了解，增加了对企业的信任度。同时，不但节约了企业的成本，而且也拓展了企业的宣传空间，让更多的人通过这一简单的方法，就能对企业了解更多。

　　三维码 +VR 就是信息化与工业化的深度融合。在以前客户要对一家企业有深入的了解，最好的办法就是去亲自参观。这不但费时费力，而且给客户与企业都增加了成本。通过三维码与 VR 相结合，客户坐在家里就能对企业进行观察了解。这种结合给人们的生活带来了方便，更重要的是能为企业节约大量时间和成本。

在以往的房地产行业中，为了提升房产的销售量，都会选建样板间。样板间从拿到地到建好一般需要九个月时间，而且一旦建好就很难改变风格。但是，如果样板间不是客户喜欢的风格，或者建得有不合理的地方，就没有改正的机会，然而这一切恰恰是 VR 可以解决的。

应用虚拟现实技术只需用七天就可以完成 VR 样板间的搭建，并且能够随时更换成客户想要的风格。这不仅节约了时间，还节约了成本。建立虚拟样板间每平方米只需几百元，而建立实体样板间，动辄就是上百万甚至上千万。所以，VR 样板间从价格上就能被开发商所接受。

当客户在虚拟场景中看房时，还可以与房间的摆设互动，例如更换桌面或沙发的材质等。这使客户在房间里能真切地感到这就是将来入住的地方，这就是虚拟现实的魅力所在。

房地产行业运用虚拟现实技术建样板间，是企业与现代信息技术的融合，体现了现代高科技的魅力。它不但节约了房地产企业建造样板间的时间和费用，而且也能搜集客户对什么样户型、装修风格比较喜欢等市场信息。对客户来说，这是不一样的看房体验，可以根据自己的喜好，随时改动房子的风格，让客户有更多的选择。

现在房地产行业能做到的是建造样板间，让客户来现场体验。我们可以想象一下，用三维码与 VR 相结合来看样板间是什么效果？这样就不需要每个客户都去参观样板间，只需要在家通过手机扫一扫楼书，就可以进行在线虚拟看房。此举为客户节约了时间，也为企业节约了成本。

三维码 +VR 就是企业名片，无论何时何地，只要客户扫一扫，就能向客户展示出企业全景信息及产品信息，让客户在虚拟环境中完成对企业的参观，了解企业的每个角落，这不但增强了客户对企业的信任度，而且也对企业起到了宣传、广告作用。可以看出，三维码 +VR 有广阔的应用前景和商业价值。

三维码 +MR 技术应用

　　2016 年 9 月，在第十九届 98 投洽会上，全球首创的三维码 +MR 技术首次亮相。目前，三维码科技公司针对三维码 +MR 技术应用开发成立了项目研发实验室，集聚了全球多位 MR 领域顶尖技术专家。三维码与 MR 相结合，会创造出一个让你无法分辨现实和虚拟的精彩世界。

　　三维码在商业的价值已经显现，目前已经有多家企业与三维码科技公司签订战略合作协议共同开发三维码 +MR 技术应用项目。由于 MR 混合现实出现得比较晚，还未被广大受众所认知，目前它的商业应用只表现在游戏上。但是，随着技术的成熟和进步，它的应用前景和商业价值不可估量。

美国人 Devine 在佛罗里达的一家名叫 Magic Leap 的公司工作，他认为混合现实技术对游戏的长期发展很重要。虽然现在 AR 增强现实更受人们的关注，但是 Devine 更看好混合现实技术，他说："我们认为混合现实是现实世界中的电脑生成物体和真实物体之间互动的场所。"自从他看了 Magic Leap 的技术展示之后，Devine 就决定加入这家公司。

虽然现在混合现实技术的发展还不顺利，但是 Devine 说："混合现实的发展真的非常难，你不能只是做一个更好的主机游戏，也不可能做一个虚拟现实游戏。一款真正的混合现实游戏是可以把现实展现到你面前的东西，并为之增加内容，这样虚拟和现实之间可以互动，这样你就可以获得前所未有的体验，这是非常具有吸引力的。"他认为，MR 为真实世界增加了很多东西，这种技术对于很多领域都有所帮助，远远超出了游戏行业。

Devine 对 MR 在现实世界中的应用思考了很多，主要是如何把这种技术应用到现实世界中。对于他正在从事的游戏项目，他说："一开始你听到房间里的灯关闭，最终你会走到房间里看到底有什么，然后发现站在你面前的是一个幽灵，这个幽灵直接指着你，然后出现在你的后面，当你回头看的时候发现是自己的影子，幽灵不见了，而你可以听到求救的声音，你就会发现这件事真的在你房间里发生了，这种体验是 VR 做不到的。"

虽然混合现实的技术还未完全成熟，但是它所带来的超过 VR、AR 视觉体验的应用前景已经显现。一项新技术从研发到应用，以及商业化普及是需要一个过程的。混合现实技术超越了虚拟现实和增强现实技术，是后两种技术发展的终极形态。

在这种情况下，随着混合现实技术的成熟，每个人都能应用这种技术，并且这种技术能改变人们的生活方式和娱乐方式。

所以，在未来企业要做宣传、做营销，应用三维码 +MR 是最好的途径。因为虚拟与现实相结合，能使客户对企业和产品有身临其境的感受。人们只要通过一定的设备，简单地扫一扫，就会在眼前出现一个虚拟与现实结合的神奇世界。人们可以在里面交流、购物、旅游等，目前看好 MR 混合现实趋势的不止微软一家，还有多家大型企业都看中了这一技术的发展前景。相信在不远的将来，混合现实应用就会出现在我们身边了。

第六章

三维码+N：三维码和各个领域的完美契合

随着"互联网+"战略的持续推进和智能手机功能的不断强大，三维码的重要作用和独特功能被越来越多地彰显出来，它在各个行业领域的价值也被人们发掘出来。只要我们用心观察一下，就可以看到三维码正在成为越来越多重要领域的中坚力量。如果不了解运用三维码的价值，这对于我们来说无疑是一种巨大的损失。所以，在"互联网+"时代，了解、掌握三维码与不同领域的战略关系，势在必行。

三维码 + 网络商标

首先，我们先来了解一下什么是网络商标。网络商标作为一个时尚的名词，它的专业解释是指企业实体商标在互联网上的应用，是用来区别一个互联网经营者的品牌或服务和其他经营者的商品或服务的标记。这个标记用手机终端或其他智能终端就可以自动识别。

核准注册的网络商标，包括网络商城商标、服务互联网商标和集体互联网商标、证明互联网商标，网络商标注册人享有商标专用权，受法律保护。

如今，随着三维码越来越普及，很多企业都开始重视网络商标所展现出的品牌价值，所以，很多企业在设计自己的三维码时，往往会将其申请成网络商标。毕竟三维码本身可以进行图形化设计这一特性，不仅克服了传统条码无法完全融入表达环境的弊端，更大大提高了平面广告的表现效率。

码变商标无形资产

三维码之所以会被制作成网络商标，是因为它可以很好地展现企业的名字、LOGO、图案和头像等，这就使网络商标具备了一定的阅读性和表现力。更重要的是，网络商标式的三维码对企业是一种无形的宣传和营销，可以时时刻刻为企业引来关注，加之三维码制作的网络商标可以进行版权注册，受法律保护，所以它既可以为企业做宣传，还可以保护企业的正当权益。如果其他企业使用该企业的网络商标，那么该企业就可以对其保留法律诉讼的权利。

　　众所周知，互联网极大地影响着每个企业的未来。企业只有借助于三维码来展示、保护自己的网络商标，使自己的合法权益不被侵犯，企业才能获得更长远的发展。

三维码＋智慧教育

随着互联网上的"原住民"（伴随着互联网长大的一代）逐渐成为教育群体的中坚力量，以及智能手机的大规模普及，三维码也顺势走进了校园，不断地和教育发生正面碰撞，并产生了智慧教育的结晶。

其实，只要我们认真地观察一下就会发现，有了三维码的帮助，智慧教育如虎添翼，不仅给学生带来很大的便利，还会给学校自身带来很多益处。

它给学生带来的便利有很多。比如，学校将校园环境、资源制作成三维码，并张贴在校园的各个路口。当新生入学时，只要扫描一下各个路口的三维码提示牌，就可以看到里面的内容。而这些内容依学校的具体情况而定，比如包含校园环境的介绍，校园路线的导航等。如此一来，不仅可以提升学校在现代科技领域的形象，还能够让学生感受到很好的人文关怀。

此外，学校还可以通过大力普及三维码应用，让学生提高处理学习事务的效率。比如，学生通过识别图书馆的三维码，即可登录图书馆的手机门户网站，进行图书的查询、借阅预订、续借等手续，还可获得关于图书催还、临时闭馆、服务调整、最新图书等信息提醒服务。如果将图书的内容简介、作者、出版社、出版日期等内容制作成三维码贴在书的封底，学生只要用手机扫描该三维码，即可了解图书的详细信息。通过带有三维码识别功能的自动借阅机，学生只要将手机内储存的个人三维码对准识别器，就可实现图书的自助借阅和自助归还。

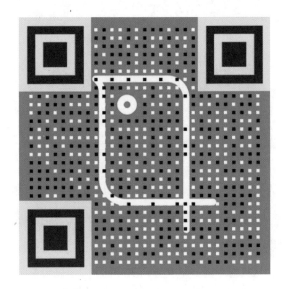

　　三维码的应用给学校带来的益处，我们可以从教育部推出的三维码应用平台服务取得的成果看出一二。学校可以通过三维码的应用，大幅降低学校"一卡通"的制作及使用成本，提高"一卡通"的使用效率和与学校网络连接的便捷性等；可以通过三维码应用，更加便捷、高效地实施教职员工的会议签到、通知传达、信息反馈、档案查询等各项管理工作；可以通过三维码应用，促进学校图书馆及各类档案馆的资料分类、查询等工作；可以通过三维码应用，建立起手机 APP 客户终端平台，能够促进学校的宣传效率，降低宣传成本，提升学校整体形象。

　　总之，鉴于三维码的特性，可以说它将为智慧教育体系的建立发挥不可忽视的作用。三维码＋智慧教育能极大地提升学生处理学习事务的效率，能极大地提升校方处理教学事务的效率。所以，三维码可以助力于未来教育更好地发展。

三维码 + 智慧旅游

央视曾曝光过北京的一些旅游车宰客现象，这样的现象在一些景区总是屡禁不止。最近，上海的旅游管理部门看中了三维码在旅游监管方面的优势，虹口区旅游部门设想，为辖区内旅行社运营的大巴加装彩色三维码，游客用手机扫描三维码后，便能获悉自己所搭乘车辆的运营资质，是否黑车，是否接受了年检，有没有肇事记录等信息。烟台、莱芜、威海等旅游部门纷纷推出三维码地图，如烟台三维码旅游地图囊括了烟台十大特色休闲之旅，市民和游客领取地图后，只要用智能手机对上面的三维码一扫就能看到详细的旅游景点、线路介绍，加油站，休息区，停车场等信息。

三维码 + 智慧旅游

　　在社会和经济不断发展的形势下，往往会不可避免地产生一些负面问题，毕竟时代的发展和进步，总会伴随着不美满的东西出现。而综观当下的负面问题中，最严重的则是假冒伪劣产品了。不过，在三维码出现后，这一负面问题就可以得到很好的控制了。

　　三维码具有强大的防伪功能，它能够使用三维码加密技术给产品做标识，使企业生产的各种商品在出厂的时候就有一个可以检验真伪的"身份证"。以一品一码或一物一码的形式形成技术壁垒，让造假者无计可施，从而达到防伪的目的，同时也带动消费者积极参与到打假和监督食品安全的行动中。并且三维码对信息管理非常严格（需实名注册备案），确保了三维码的信息来源非常安全；再者，三维码与信息云端管理紧密结合，可以达到全程溯源的要求。所以，三维码具有强大的防伪溯源功能。

三维码产品防伪的五大特性：

①方便查询：消费者使用手机扫码即可通过移动网络，随时随地对产品信息进行准确查询。

②有效沟通：消费者可以即时核对产品信息并与企业互动，帮助企业做好产品防伪。

③准确统计：商家、企业可以对客户数量、行为等进行准确统计，并可实时获取消费者举报、反馈的信息。

④打击造假：一物一码的形式加大了造假者的造假成本，使造假者无利可图。

⑤扩展强大：无线网站拥有无限的容量和表现形式为企业提供展示平台。

2015年1月初，浙江一家造酒企业的老总来到我们的公司洽谈业务，他请我们为他的企业即将上市的一款白酒产品制定一个三维码，并且特别提示说防伪性能一定要好。原来，他在2014年推出了一款白酒产品，当时使用的是二维码，但因为二维码的防伪性不是特别好，不法分子也仿制了一款假冒产品，并

对产品上的二维码进行了篡改。如此一来，消费者在购买产品时，即便扫描二维码，也难以准确识别出产品的真伪。有些消费者不幸买到假冒白酒后，一气之下便向工商局质量管理处投诉，这给他的企业形象造成了很不好的影响。为了杜绝这一现象的再次发生，他希望能通过运用三维码来提高产品的防伪性能。

按照他的要求，我们为其制作了一个三维码，上面不仅有醒目的企业LOGO，最重要的是它的防伪性能非常高，不法分子无法对其进行篡改。消费者只要一扫描，便可知产品真假。

另外一个典型案例就是世界著名葡萄酒品牌之一新西兰南极星葡萄酒公司，掀起了葡萄酒业应用三维码技术的新风潮。以南极星 Invivo 黑皮诺葡萄酒为例，只要用智能手机扫描产品背标上的三维码，就能立即显示出该产品的信息详情链接，点击链接，可以看到该产品的原产地、生产年份、葡萄品种、酒精度、产品介绍、获奖荣誉等信息。消费者在选购葡萄酒时能够更加轻松全面地了解产品的各项信息，可以更好地与品牌互动，让购买变得简单有趣，而且可以准确辨识真伪，打击山寨。

在日韩等国家，个人名片普遍采用三维码。传统纸质名片携带、存储都非常不方便，而在名片上加印三维码，客户拿到名片以后，用手机直接一扫描，便可将名片上的姓名、联系方式、电子邮件、公司地址等存入手机中，并且还可以直接调用手机功能拨打电话、发送电子邮件等。目前，国内已有此类应用，如银河、灵动三维码等公司。其实，举一反三，身份证、护照、驾驶证等证照资料均可以加入三维码，不仅利于查证，且利于防伪。

如今，三维码的产品防伪功能已经被广泛应用到食品业、制造业、服装业、物流业等生产和服务型企业。随着三维码的进一步推广，它维护企业品牌利益的作用将会更多地彰显出来。

三维码 + 智慧物流

如今已经是"互联网+"时代，电商行业的发展日益迅猛，而伴随着电商行业的崛起，物流也开始在我们的生活中扮演极为重要的角色。因为大多线上交易的产品，都需要通过物流送到消费者手中。

由于物流行业的竞争日益激烈以及对物流的效率要求越来越高，各物流公司为了更平稳、健康地发展下去，不得不通过一些措施来提高自己的竞争力，而三维码技术以自身优越的特性，成为物流行业的首选。毕竟，有了三维码，物流公司就可以打造出一套更加快捷的智慧物流系统。

比如，将三维码印制或粘贴在物品的外包装或物品上，通过计算机网络设备和手机设备对物流全过程进行实时跟踪、识别、认证、控制、反馈，能避免数据的重复录入。在包裹传递过程中，可以应用三维码技术和计算机网络技术实现对货物从取件、运输到投递的全过程的信息跟踪处理。

三维码被广用于物流行业的另一个重要原因，是它有极高的纠错能力。

　　曾经有一位做酒生意的老板，为了让消费者能够更好地了解自己的企业和产品特色，他让员工在每件酒的包装上贴上了二维码，只要消费者对二维码扫描，就可以看到企业的网站和产品信息简介。但是由于员工的粗心，将白酒品类的二维码贴在了养生酒的包装上，消费者扫描养生酒却跳出白酒的信息，导致部分消费者以为买到假冒伪劣商品，便要求退货。虽然商家一再解释产品是真的，只是二维码出现了一点问题，请大家放心使用，但一些消费者看到自己要求退货的正当理由不被商家接受，便跑到当地的消费者协会进行投诉。这一举动令商家的信誉受到了很大影响。

　　后来，为了保证此类错误不再重犯，该商家选择了品牌性和辨识度更高的三维码。三维码的图像不但可以用肉眼识别，很容易就能辨别出是否与商品信息对应，而且美观好看的三维码，还能为产品增色不少。

　　由于包裹在整个物流过程中不可避免地会受到不同程度的磨损，包裹上的三维码同样会受到不同程度的磨损。但由于三维码的纠错能力非常高，所以只要不是磨损太严重，基本上不会影响到设备对三维码信息的读取。这无疑可以大大提升物流行业的效率，进一步促进物流行业的快速发展。所以，有了三维码的鼎力相助，智慧物流的发展将会越来越好。

三维码 + 医疗卫生

由于我国医疗体系还不够发达，医疗资源的配置还不够平衡，所以，看病难、难看病，一直都是一个比较大的问题。如今，随着三维码的应用价值逐渐得到体现，三维码技术已经被运用到了医疗卫生领域，很多医院希望借此来提升医疗服务水平。

现在，已经有越来越多的医院开始推出三维码挂号服务。众所周知，目前每个医院都是患者云集，看病难是患者最为头痛的问题。而运用三维码挂号服务，患者可以通过手机终端预约挂号，凭三维码挂号的预约时间前往医院直接取号，缩减排队挂号、候诊的时间。并且有些病人特别在意对自己病情的保密，传统的挂号形式及病历不利于对病人的隐私保密，很容易被人知晓，而通过三维码挂号，却可以很好地保护自己的隐私。

同时，医院在通过三维码解决患者排队挂号的问题时，利用三维码结合看病、支付等环节，便可实现看病、付款、取药"一条龙"服务，不再让患者重复排队，另外，还能让患者通过三维码对医生的医风医德进行评价，使医患双方可以更轻松地沟通。此外，医疗管理部门还把三维码的防伪功能运用到对医疗机构的监管方面。

例如，为了加大打击"黑诊所"等非法行医行为的力度，某市卫计委牵头研发并开通了三维码安全就医阳光服务平台。卫计委在所有行医的诊所门口、门廊的柱子、药房的玻璃上等醒目位置张贴了三维码标识。病人就医时，只要用手机扫描一下三维码，就可以看到这家诊所的"资质清单"，包括机构性质、主管单位、核准的诊疗科目，以及该机构医护人员照片、姓名、职称、执业范围、执业资格等。也就是说，只要用手机扫描一下三维码，就可以知道这是不是一家正规诊所，医生是不是有执业资格。

有了三维码的帮助，不仅病人的看病流程变得更加智能高效，医院的医疗信息化水平得到了显著提升，就连医院运转的效率也大大提高了。所以，在未来，医疗卫生行业对三维码的运用将会更加广泛，三维码发挥的作用也会越来越重要。

三维码 + 食品溯源

在食品安全问题频发、消费者越来越关注食品安全的当下，三维码可谓生逢其时，因为它有着其他条码无可比拟的防伪溯源优势。企业、商家只要在食品外包装上印上三维码，消费者在购买时只要扫一下三维码，就能看到该产品的品牌、加工厂和采收地等详细信息，可随时随地对食品进行防伪溯源，真正实现吃着放心、用得安心。加之三维码有好看的图案，还能为产品包装增色不少，可谓一举多得。

三维码进行食品溯源的原理很简单，只要将食品的产地信息、加工信息、运输信息、原料来源、检测报告、图像存证加载在三维码里，就可实现追踪溯源，消费者只需用手机一扫，就能查询食品从生产到销售的全过程。在福建，茶叶三维码追踪体系已经投入使用，市民用手机扫描茶叶包装上的三维码标签，即可显示茶叶的整个流通过程和食品的安全信息。

三维码对于食品溯源的价值有以下几点：

（1）方便查询。可轻松查看从生产加工到运输环节的整个流程。

（2）提升品牌性。使用三维码溯源系统，可使产品生产过程更加透明，消费者买得更加放心，能提升企业形象。

（3）源头追溯。通过三维码的追踪，可以快速找出问题的根源。

　　2014 年 2 月 19 日，长沙市药品流通行业协会发布了《关于长沙市试行药店专柜销售婴幼儿配方乳粉的行业自律规范（征求意见稿）》，在这一自律规范中，协会要求以后所有在药店销售的奶粉，都必须符合"双码双平台双追溯"这一硬性规定。这一规定对药店来说，是个极大的挑战，因为要达到这一规定，必须付出极大的人力和物力，但是，有了三维码这些问题都可以迎刃而解了。

　　消费者在药店买奶粉时，只要用手机扫描奶粉包装上的三维码，就可追溯到奶源地、检验报告、生产及销售企业，就连奶粉适用的年龄段、保质期、销售日期等都可查到。

　　自古以来，民以食为天，食以安为先，尤其是在当下还存在不少食品安全问题的情况下，利用三维码进行食品溯源，不仅可以让消费者买到更加放心的食品，还可以极大地震慑不法分子。所以，有了三维码和食品安全追溯体系，我国就可以更快地实现"食安梦"。

三维码 + 智慧交通

交通问题一直是困扰城市发展的一大难题，比如交通拥堵、交通违章处理、汽车尾气排放等，任何一个问题都够交通管理者头疼的了，当然，这些问题还极大地降低了我们的出行体验。所以，交通问题如果不能得到很好解决，就会成为制约城市发展的一大障碍。

如今，"三维码+交通"已经在交通运输领域产生了"化学效应"，比方说，大家可以通过扫三维码，下载经常使用的打车软件、出行导航系统，网上购买火车票和飞机票等。

从国外的 Uber、Lyft 到国内的滴滴打车、快的打车，移动互联网催生了一批打车拼车专车软件，虽然它们在一些国家仍存在争议，但它们通过把移动互联网和传统的交通出行相结合，改变了人们出行的方式，提高了车辆的使用效率，推动了互联网共享经济的发展，减少了尾气排放，对环境保护也做出了贡献。也就是说，三维码+交通使以往困扰我们的很多交通问题，都得到了一定程度的解决。

三维码＋智慧交通在交通管理方面的优越性，主要体现在以下几个方面：

1. 信息查询更方便

三维码可以用来管理车辆本身的信息、驾驶证、行车证、电子眼、年审保险等。我们举个简单的例子，三维码的大容量信息存储优势可以将有关车辆的所有基本信息存储进去，比如车辆识别代码、发动机号、车型、颜色等车辆信息都可以储存到三维码中，交警在路上查车时，不需要再呼叫总台协助，直接扫描车辆上的三维码即可。

2. 疏导交通流量

交通部门可以利用三维码的特性，打造出一个公众系统，将其应用到交通枢纽、公交站牌等地，方便人们进行交通查询，可有效分流人员和车辆，对城市的智能化交通生活起到关键性的作用。比如在十字路口设立一个电子屏幕，每隔五分钟就将前方的交通状况信息制作成三维码，发布到电子屏幕上，出行者用手机扫描一下就可以得知前面的交通状况，以决定是否改变出行路线。

3. 构建车辆网络系统

火车票上加上了二维码，大家已经知道。三维码结合交通系统可以肉眼识别身份，就是景点门票、展会门票、演出门票、飞机票、电影票等都可以通过三维码实现完全的电子化。比如，用户通过网络购票，完成网上支付，手机就可以收到三维码电子票，用户可以自行打印或保存在手机上作为入场或登车、登机的凭证,检票者只需通过设备识读三维码即可,可大大降低材料消耗和人工成本。

交通管理部门还可以三维码为信息载体,建立一个局部的或全国性的车辆监控网络。具体的做法也很简单,交通部门只要采用相应的三维码识别技术与车驾管理库进行连接,就可以实现对车辆和驾驶人员的跟踪与定位监控,保证车辆管理有效、实时和自动化。

只要交通管理部门能一直坚持运用三维码来创造智慧交通的战略方向,那么在未来,三维码就一定能带动交通行业信息化产业链的迅猛发展,其中包括政府信息化、设备制造商、系统集成商、企业信息化等多种元素。到那时候,三维码 + 智慧交通就会极大地改善我国的交通状况。

三维码 + 智慧金融

经过三四年的高速发展，传统金融已经有了明显的变革成果，当然，促使传统金融变革的中坚力量——互联网金融，其获得的成果更加显著。但不管是传统金融还是互联网金融，目前它们都在向着同一个方向前进，那就是智慧金融。

因为只有发展智慧金融，普及智慧金融，才能适应当下移动互联网的高速发展和金融行业的全球化、信息化的巨大变革形势。而三维码作为一个图形化的电子信息载体，其可制作性、可贴附性、抗电子干扰性以及低成本性，使其在不改变金融业目前作业的硬件环境条件下，能够快捷方便地实现信息交互，尤其是能够快捷方便地实现印刷信息与电子界面的交互。

> 在实施智慧金融战略的过程中，有道金融非常重视三维码的运用。通过三维码的特性，将其制作成更加便捷、有效的金融理财工具。比如说，消费者如果想理财，只要用手机扫描一下有道金融提供的三维码，就可以直接进入理财通道，从中选择自己满意的理财产品。

金融业和三维码的结合，可以说是最完美的结合。毕竟，三维码采用的是有效防伪技术，是通过一种新的存储方式来存储信息，其特有的图形表现形式，以及安全可靠的加密技术，正是对安全性要求极高的金融业最为注重的因素。

> 任我贷是厦门一家互联网金融平台，为了提升风控管理实现远程签约，它为每一位借款用户制作一个三维码用来识别用户身份，在借款用户扫描三维码登录后，后台启动视频人脸识别系统核实用户真实身份后进行网络电子签约，签署个人借款协议。
>
> 在这个三维码应用案例中，互联网金融公司不仅提升了风控能力，更省去了多项烦琐的贷款手续，贷款方与借款方都大大节约了时间，提升了效率。

金融和三维码相结合，不仅可以大大提高金融产品的安全性，还能促进智慧金融的全面发展。毕竟，智慧金融的核心是能够更加轻松地开展金融理财、投资等服务，为消费者提供便利。而有了三维码为依托的金融产品，消费者只要扫描一下，一切便可尽收眼底。

所以，未来的金融业必定是智慧金融的天下。有了三维码的支持，智慧金融这一智能化的金融服务，将更加方便、高效、安全。

三维码 + 电子政务

我们在前面已经说过，三维码对我国社会经济的影响是非常广泛深入的，各行各业都会或多或少地受到三维码的影响，就连政府部门也不例外。政府部门同样可以通过打造能够引导市民关注的三维码，来提升自己的服务效率。经过这一两年的摸索和实践，三维码在电子政务方面的影响越来越趋向成熟。

下面主要从三维码在出入境管理和消防这两个方面的影响，来看一下三维码在电子政务领域的推广和运用。

1. 三维码 + 出入境管理

福建省公安厅出入境管理局的工作人员在日常工作中发现，很多市民都不清楚办理出入境证件的各种流程和注意事项，所以经常来问同样的问题，而工作人员又人手不足，常常难以及时解答每个市民的问题，为此双方都受到困扰。

经过一段时间的探索，工作人员发现三维码可以有效地解决这些问题，于是，他们推出了三维码服务。市民在办理相关业务之前只要扫描一下三维码，便可办理此项业务所需要的相关证件，还可以根据自己的时间进行预约，同时，通过扫码还可了解相关的法律法规、办事指南、公示公告等信息，这种对双方都大有好处的服务，一经推出就受到了热烈欢迎。

福建省公安厅出入境管理局推出的三维码服务之所以能够成功，是因为这个三维码可以有效解决市民在办理过程中遇到的问题，从而引起了市民的关注。

2. 三维码 + 人口信息查询

厦门市行政服务中心的人口信息查询业务由于具体咨询流程复杂，需提供的材料多，工作人员解释费时费力，经常造成咨询人排长队等候的现象，于是该中心设立了三维码办事指南窗口，咨询人可以通过对三维码的扫描进入人口信息查询办事流程指南，清楚地了解审批环节以及需申报的材料等详细信息，无须再挨个询问，大大提升了办事效率，真正实现了"数据多跑路，民众少跑腿"的服务宗旨。

　　最近，某地公安部门启用了"出租屋智能手机巡查系统"，出租屋管理员在上门巡查时，用智能手机读取门牌上的三维码，即可及时、准确地获取该户址的相关信息。同理，如果在商品、检验物品上附上三维码，政府执法部门人员则可以通过专用移动执法终端进行各类执法检查，及时记录企业的违法行为，并且可以保证数据传输的高度安全性和保密性，有利于政府主管部门加强监管，规范市场秩序，提高执法效率，增强快速反应能力。

如今的三维码技术还被广泛应用到海关管理、政府办公等重要的电子政务领域，可谓深刻地影响着人们的工作和生活。人们只有深入地了解三维码、利用三维码，才能在工作和生活中获得更多的便利与益处。

第七章

三维码+营销：三维码是挖掘商业价值的营销利器

三维码作为新时代的营销先锋，它的营销威力是毋庸置疑的。但是，再好的营销工具，如果不能合理使用，其营销威力自然也无法充分发挥出来。所以，企业、商家要想借助于三维码开展营销，就必须切实掌握三维码营销的各项技能，如此才能充分发挥三维码的营销威力，使其帮助自己在这个竞争激烈的时代战胜对手、壮大自己。

将单向营销转变为双向营销，引爆营销革命

众所周知，移动营销的价值在于企业、商家可以与消费者进行互动，实行精准营销。互动得好，往往就可以令整个营销过程顺利很多；互动得不好，就会给整个营销过程造成很多障碍。因为互动产生数据，数据产生决策，决策产生成交。没有互动，就难以成交。

在传统的营销模式中，企业、商家与消费者之间是没有沟通渠道的，整个营销过程都是单向的。三维码与智能手机的结合，产生了众多的增值应用，其中的一大应用就是在传统营销与移动营销之间架起了一座桥梁，使传统营销也分享到了移动营销中所特有的与用户零距离的优势，从而使单向营销转变为更有价值的双向营销。

最近这几年"智能家居"的概念火了，伴随着智能化和互联网化的热潮，传统家电行业里也开始战火弥漫，狼烟滚滚。诸多家电品牌纷纷谋求向互联网化转型，以图抢占更多的家电市场份额。

在这场市场争夺战中，深圳一家新兴企业 W 公司在面对众多大品牌的猛烈攻势时，决定避其锋芒，改走迂回路线。因为 W 公司深知，如果从广告渠道上和这些传统大企业对抗，是没有一点胜算把握的，因为传统大企业有着雄厚的财力，在各大媒体上打广告，并且有足够的资源开展很多大型活动进行大肆宣传，来吸引消费者的注意。

　　如何做呢？W公司的创意总监刘某在企业高层会议上提出了用三维码进行营销的建议，领导层都觉得这是个不错的建议，便一致推举刘某全权负责此事。

　　刘某是个非常有创意的人，他选择了极具视觉冲击力的三维码，随后将做好的三维码通过微信群、微博、朋友圈、论坛、报纸等渠道广泛传播推广，并特别提示扫码有惊喜。

　　经过一个月的大力推广，总共有4 000多名消费者关注了该三维码，刘某以这4 000多名消费者为基础，与他们进行了细致的沟通，并让他们对公司的智能家居产品提出建议。通过与这些关注者的互动，公司的智能家居产品在性能、功能等方面都有了很大的改进，更加人性化。

　　最后，产品生产出来后，刘某说服企业的高层，把三维码印在这些产品上并以成本价销售给这些消费者，但前提是这些消费者要继续给企业提供使用心得和产品建议。也就是说，这一批消费者成了W公司的首批志愿者。

　　这些志愿者在使用智能家居产品的过程中，产生了庞大的数据流，这成为W公司完善、更新下一代智能家居产品的重要参考依据。最终，W公司通过三维码与客户建立了良好的沟通渠道，及时了解客户需求，从而生产出了一款足以媲美名牌企业的智能家居产品。加上企业宣传有方，以及首批 4 000 多名志愿者带来的口碑传播效应，W 公司的产品销量一举跻身前三甲，创造了小企业在大企业的夹击中完美逆袭的奇迹。

W 公司的成功，让很多传统大企业非常吃惊，它们不相信这是真的。因为论产品，自己的产品一点也不差，论宣传力度，更是花费了大笔的广告费，可为什么市场销售额却被一家小企业超越了呢？

这就是传统营销与三维码营销对决的结果。传统企业虽然在电视、报纸上投入了大笔广告费，但不管广告做得多么热闹，由于消费者一直都是被动接受广告信息，无法与企业进行互动，企业自然也无法得知消费者看到广告后的心理状况如何，对该产品有什么意见。这种单向营销方式，在这个移动互联网竞争白热化的时代，早已不具备竞争力了。

W 公司采用的三维码营销，是一种双向营销。它将三维码呈现到消费者面前，消费者一旦扫描三维码，W 公司就可以获取消费者的信息，比如年龄、性别、联系方式、职业，甚至性格、爱好等。W 公司可以通过这些信息和消费者取得联系，了解他们对产品的想法和建议。通过这种有效互动，W 公司就可以有针对性地改进产品的性能和外观设计。更重要的是，有了三维码这一营销神器，W 公司和消费者就有了沟通互动的渠道。

只有双方形成良好的互动，才能推动双方情感的增进，提高消费者的忠诚度。同时，还可以让消费者看到企业对他们的重视和诚意。另外，在不断互动的过程中，消费者势必会提出更多有价值的信息，这些信息可以帮助企业更好地完善产品功能，提升产品质量，以及为企业带来更大的市场和更多的利润。

在"互联网+"时代，所有营销理念都是相通的，无论是对于传统营销来说，还是对于移动营销来说，只有变单向营销为双向营销，才能在互动中产生数据和流量，才能通过这些数据和流量将双向营销的价值体现出来。

此外，有些企业仅仅把三维码营销当成是一种媒体形式，认为它的价值就是用来展示的广告平台，这种错误的定位无疑会极大地限制三维码的营销效果。企业只有将三维码当成双向营销的武器，才能最大限度地发挥三维码的营销价值。

实现 O2O 双线营销，使营销更有威力

O2O，全称 Online To Offline，翻译过来就是线上线下电子商务。谁为线上？是消费者。谁在线下？是商品和服务。O2O 双线营销就是要把线上的消费者通过线上营销、推广与线下的商品和服务连接起来，在线上选择产品、购买、支付，然后到线下去享受商品和服务。

线上营销事关整个 O2O 双线营销的成败，它需要企业通过对产品分析和定位，制定出一系列适合在网络上营销的方案，然后通过网络营销的具体实施将产品展示在互联网上，吸引消费者访问、咨询，从而提高产品或服务的转化率。

三维码在整个 O2O 双线营销过程中扮演的就是纽带作用，它是连接线上和线下的媒介，是线上资源流向线下的重要渠道。在用户扫描三维码后，无论是 APP 下载、网站链接，还是支付、比价、商品质量查询等诉求，都能快速实现。

某著名内衣品牌曾做过这样一个大胆而颇具创意的广告，在模特胸前印上三维码，并附上充满诱惑的话语"Real Lily's secret"（Lily 的真实秘密），让用户情不自禁就想要扫一扫，这个秘密到底有多诱人。

当用户用手机扫描了三维码后，就会看到模特身上时尚的内衣。这时，用户就会不由得赞同广告上所说的那句话："比肌肤更性感。"

　　虽然这个故事并非企业将消费者从线上引到线下的模式，但采用的原理都差不多。如果将模特活动放在网上，让消费者通过网上的视频对模特身上的三维码进行扫描，所取得的效果是一样的，同样会展现出性感的内衣，促使那些动心的消费者到线下去试穿和购买。

　　世界营销大师克里曼特·斯通曾说过这样一句话："未来的营销，不需要太多的渠道，只要让你的产品进入消费者的手机，就是最好的营销。"从户外广告、墙体广告、电视广告、车体广告、报纸广告，到手机广告，营销渠道正在从现实世界向虚拟世界转移，商家的营销推广之战必将在手机终端打响。

　　三维码作为最时尚、最美观的营销利器，在商家角逐手机终端的过程中，扮演着不可或缺的角色。三维码的广泛应用，为商家提供了更多推销自己、展示自己的机会，也为O2O提供了更多的想象。三维码与O2O虽是不同的概念，却能同时为商家所用，三维码完全可以成为商家将消费者引到线上的一个重要入口，而O2O也完全可以成为促成三维码大发展的基石。

　　朋友张小姐是一位资深"剁手党"，每次发工资后，都会接连几天在网上疯狂购物。以前是在淘宝上购物，用支付宝支付。当微信流行起来后，她又将银行卡与微信支付绑定，开始将战场转向微信精品商城。

　　一天，张小姐发现自己不久前在拍拍网扫描三维码关注的一家女装店竟然搞起了"微信分享抽 iPad 活动"。活动期间，微信用户只要将商家的热卖商品页面分享到朋友圈，并截图发给该商家的微信公众号；或者购买该商家的热卖商品，并将购买的热卖商品截图，就能获得两次抽取 iPad 的机会。

　　无法抵御 iPad 的诱惑，张小姐立即下单，又把商品页面分享到了朋友圈。虽然没有抽到 iPad，但也算没有白忙活，最终买到了一件物美价廉的衣服。

　　事后张小姐向我说起这件事时，并没有意识到这是商家精心策划的一场三维码营销，我告诉她，购买或者发送商品链接，无论是哪种方式对商家而言都是有百利而无一害。如果用户购买，就能直接增加商家销售额，如果用户分享链接，商家的产品就能得到免费的宣传推广。要知道，微信用户何其多，一个微信用户的分享，可能就会得到数十乃至上百个微信用户关注，一传十，十传百，这个商家只是付出了一部 iPad 的代价，就能拥有成百上千不用发工资的派单员。这笔买卖显然很划算。当然，这还不是重点。重点是在该商品的链接被疯狂转发后，将会增加多少成交量，商家又会增收多少，而这一切成立的前提，仅仅是用户在购物网站扫了一回三维码。

地铁中的虚拟超市，让顾客省去了排队的时间，也不用大包小包拎回家。整个灯箱"摆"满了各种商品，顾客只需用手机扫描商品旁的三维码放进购物车，再统一通过手机付款，商品就会送往家中。

在韩国，"零售巨人"特易购 (Tesco) 公司在熙熙攘攘的地铁站里推出了"移动超级市场"，消费者能够迅速地扫描选购需要的商品。晚上，当他们回到家中时，这些货物早已送达，凭借这一举措，特易购迅速成为韩国在线零售业的领跑者。而这种营销方式目前也为国内的综合性购物网站"一号店"所采用，在北京和上海的地铁和公交站点进行了小范围的推广。

微信扫一扫就能获知商品的相关信息，成功地搭建起产品线上和线下的联系，进而为商家各种营销活动增添更多趣味性。用户通过手机扫描就能参与抽奖、获得代金券，了解更多商家信息。在这个过程中，用户与品牌之间就能完成很好的互动，进而在增强用户体验的同时，提升产品的品牌知名度。这种良好的互动，在传统营销模式中是无法想象的。

移动互联网的大发展，赋予了三维码新的生机，也拉动市场经济进入了一个全新的发展阶段。智能手机的广泛应用，打通了现实生活与虚拟的移动互联世界之间的联系。三维码的横空出世，为线上线下的连接提供了最便捷的入口。通过这一入口，人们可以快速地实现线上资源与线下资源的交互，完成线上线下的完美对接。

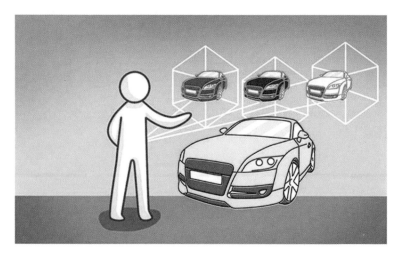

但是，要想确保三维码营销成为 O2O 双线营销的关键引擎，企业还需要具备四个条件：

①利用三维码引流，培养起足够多的活跃用户，并且保证这些用户对线下服务的需求很强烈。

②抓住移动互联网的独有特性，如 LBS、身份识别、数据追踪等特点，全方位、多角度展开三维码营销。

③能够提供具有竞争力的服务，就算与同行相比，也具有无法超越的优势。

④拥有线下某个领域或者多个领域的商品采购与销售渠道。

试想一下，即便你的三维码很好看，但是很少有人知道你的三维码，它又能给你带来多大的流量呢？如果无法培养足够多的活跃用户，三维码营销很难成功。所以，企业、商家要想通过三维码打造营销奇迹，还需要不断壮大自身的实力，使企业满足以上四个条件。只有这样，才能实现三维码的营销价值。

用多媒体广告代替平面广告，
更能吸引消费者的目光

随着时代的发展，市场经济的结构早已发生了翻天覆地的变化，以往是供方占据主导地位，企业、商家提供什么，消费者就购买什么。如今这种关系发生了彻底的转变，消费者已经开始牢牢占据主动地位，消费者需要什么，企业、商家就提供什么，消费者成为真正的"上帝"。

随着市场竞争的白热化，消费者的要求、品位也越来越高。就以一件产品来说，消费者购买产品时，不仅要关注该产品的功能、颜色、款式，还会关注该产品的风格、品位等。也就是说，如今的消费者在选择产品时，是非常挑剔的。一旦产品有一点不遂其意，就会把它拉入黑名单。

同理，企业、商家在进行广告宣传时，只有尽可能地使广告更炫目、更有吸引力，才能吸引消费者的注意力。消费者面对那些整日轰炸的平庸无奇、索然无味的广告，早已产生审美疲劳了，绝不会花费时间去关注，更不会被打动。

在广告领域，平面媒体的广告效果要远远逊色于多媒体广告，如果把平面媒体广告比作一本书的话，那么多媒体广告就相当于一部电影了。电影比书有立体感，更能引人入胜，更能吸引人的注意力。

在一些地方，很多企业已经开始用多媒体广告来代替平面媒体广告。因为它们在研究中发现，平淡无奇的脸谱般的平面广告，早已无法吸引消费者的注意力，每次打出的平面媒体广告，都难以为企业带来销售业绩。最后它们就改用三维码来做多媒体广告，这种广告形式不仅可以使人看到动态的画面，还可以听到声音，在给人们带来更多新奇视觉体验的同时，也极大地延伸了广告所能表达的内涵。

某著名汽车企业就曾因为一则多媒体广告火了一把。它在一本杂志上刊登了一页平面汽车宣传海报，然而看似平淡无奇的页面却藏有玄机。读者只要把手机放在这个印刷广告的背面，就会出现一个令人震惊的场景：杂志上的车前灯亮了，引擎在旋转、咆哮，天空闪烁光芒。同时，汽车开始播放音乐，并向读者展示汽车内部的结构。

这一多媒体广告当时在广告界引起了极大的反响，众多广告商在震惊之余恍然大悟，原来广告还可以这样做。

一石激起千层浪。这个多媒体广告获得了巨大的成功，让众多读者一下子就记住了这个品牌。于是，众多企业也开始纷纷效仿它的做法。但很快它们又发现，该多媒体广告采用的是自己新开发的 CinePint（图形制作与软件处理）技术。其他企业如果要采用这种技术，无疑需要投入不小的人力和开发成本。

于是，其他企业只能另谋他法。很快它们又发现，三维码同样可以具备这种功能，并且制作成本要低得多。于是，众多企业便开始运用三维码做起了多媒体广告。

> 某企业在一本杂志里面加入了自己的汽车广告页，并且在该页面印上了带有企业 LOGO 的三维码，读者只要拿出手机扫一扫，就可以看到一张极具画面冲击感的平面广告，还会出现一段解密幕后制作过程的视频。
>
> 该视频详细介绍了工作人员如何进行广告场景布置、光纤调整，怎样营造出震撼人心的广告效果等，把工作人员精益求精、辛勤劳作的工作精神淋漓尽致地展现了出来。这种精神感染了读者，让他们相信这家企业制造出来的汽车一定是一流的，是完全值得信赖的。

该汽车企业创新性地通过三维码将平面媒体广告转换成了多媒体广告，从而成功地吸引了消费者的注意，让他们牢牢地记住了这家汽车企业的品牌。

时至今日，广告只有求新、求变，才能打动消费者，让他们愿意花时间观看你的广告，了解你的产品。如果做不到这一点，就很难在广告营销方面获得成功。

合肥市经开区宿松路一家售楼部的门前，出现了一座巨型"花瓣"墙，人们称其为三维码花墙。据制作方介绍，这座长达 10 米、宽近 6 米的巨型三维码花墙制作周期长达一星期，由 20 多个工作人员制作而成。整座三维码花墙总共由 20 000 余朵红、橙、黄、蓝等不同颜色的玫瑰组成。

三维码花墙给人一种既醒目又新颖的感觉。站在近处看，不仅能欣赏花团锦簇、不同色彩的玫瑰，还能闻到独特的芬芳花香；站在离花墙约 20 米的远处，同样可以清晰地看到由五色花朵簇拥的花蕊中一幅巨型三维码图案。同时，为了满足消费者多角度的扫码需求，技术人员对这座巨型三维码花墙做了角位调试，以确保三维码能被正确扫描。

由于这个三维码不同于以往那些黑白相间、方头方脑的呆板二维码，其一出现就立刻受到了市民们的热切关注，很多市民不仅纷纷驻足观看，还进行了扫码，更有很多市民对其拍照发至朋友圈。很多市民亲切地把它称为"最美的三维码"，巨型三维码花墙成为合肥当时最热门的话题。

据制作方介绍，该三维码推出不到五天，便有近 3 000 名消费者通过各种途径对该码进行了扫描和关注，该三维码的运营团队也顺利获得了第一手数据，包括访问三维码的日期、时间、次数、地点、来源终端等，从而可以分析出移动网民对这个楼盘的关注情况。制作方最后明确表示，此次三维码营销非常成功，比以往任何宣传方式都有效。如此数量众多的花朵组成的三维码花墙，与黑白二维码明显不同，在合肥乃至全国都是首次出现。这也是其获得巨大反响的主要原因。

多媒体广告突破了平面媒体广告在内容和形式上的局限性，其新颖、时尚并独具创意的风格，完全契合了这个时代的脉搏，深得这个时代中追求标新立异的消费者的喜爱和青睐。所以，企业、商家只有将三维码与多媒体广告深入结合，三维码营销才能收到明显的成效。

加速信息转化，捆绑产品、服务和买家

三维码的营销功能是非常强大的，如果企业、商家在运用三维码开展营销的过程中，发现三维码并没有给自己带来明显的业绩，这极可能是在运用三维码开展营销的过程中犯了某些方面的错误，并没有全面发挥三维码的功效。

一般来说，很多企业、商家仅仅把三维码当成一种信息传输手段，通过三维码给感兴趣的消费者提供相关产品的资料，却忽略了将产品、服务与消费者捆绑这一至关重要的策略。企业、商家只有将产品、服务与消费者捆绑到一起，才能随时随地地将产品、服务信息传送给客户，让客户第一时间获得有效信息，从而提升企业的营销成果。

很多企业通过开展三维码的互动营销活动，虽然快速收集到了顾客的来源、关注点、反馈意见、使用体验等信息，但仅仅把这些重要信息当作一时的参考，参考完后就将其束之高阁了，等到下次有需要时，再重新寻找客户，这无疑是对数据资源的巨大浪费。

所以，最稳妥、高效的办法，便是加速信息转化，在获得客户信息的第一时间内，将客户与产品、服务捆绑起来，这样在以后的营销中，就可以随时找到目标客户，大大节省营销成本。

将产品、服务与客户绑定，企业和客户都是受益者：消费者被企业绑定后，可以享受更便捷的服务；企业通过为绑定的客户提供服务和最新活动信息，吸引消费者回头购买企业的产品，成为企业的老客户。如此一来，企业就实现了"一条渠道，两次（多次）宣传"的营销目的。这是企业营销的最高境界。

不过，在将产品、服务与客户绑定后，企业还要掌握一个"度"。如果企业不断地向消费者推送各种信息，势必引起消费者的反感，让消费者觉得企业骚扰了他们的生活，这无疑会降低消费者对企业的好感，更甚者还会使消费者解绑企业账户。那么，企业就会彻底失去一些客户，得不偿失。

第八章

三维码将成为移动互联网的重要入口

　　用户对入口的选择其实很慎重，每个行业可能只有一到两个机会，而一旦获得了用户的青睐，赢得了入口，无疑是打开了用户移动终端的一扇门。

　　争夺入口的胜利除了能够让企业获得先机外，也许还会改变行业的格局，那么你就要选择一个吸引人眼球的入口了。

"三维码+": 突显企业特色

在这个竞争激烈的时代，没有特色，是很难在强手如林的市场中争得一席之地的。所以，企业无论做什么决策，开展什么营销活动，都应该使其充分体现企业的特色。这不仅仅是提升竞争力的重要措施，还是让企业品牌始终如一的有力保障。

但在现实生活中，很多企业往往忽略了特色的重要性，它们在开展各种营销活动时，往往会有意无意地忽略将产品与企业特色相结合这一战略理念，最终导致营销失败。

三维码作为企业的文化标志，也相当于企业的产品，如果企业能够打造出一个充分体现自己特色的三维码，自然会为企业的营销增色不少。

我有一个朋友在 2010 年创建了一家园林绿化公司，由于他很上进且善于交际，不到四年的时间，他的公司就在当地小有名气，当地政府的几项工程都指名交由他的公司来做。

　　2015 年年初，他觉得公司的规模需要扩大，各种业务需要升级，企业的文化也需要全面提升，以便适应全国市场的竞争环境。在升级整个企业文化的过程中，他首先做的就是抛弃了企业以往制作的二维码。用他本人的话来说，早就看不惯这个"黑白方框"了，实在太难看了，和整个企业的气质格格不入。但鉴于以前的条件限制，不得不用。如今三维码的应用环境已经成熟，完全可以制作一个更加美观的三维码。

　　我们将园林绿化公司该有的绿色、生态、环保、宜居等特色都

考虑了进去，然后综合设计，最后设计出了一款让朋友的公司所有员工都拍手叫好的三维码。朋友也说，这款三维码既美观又具传播性，更有环保效果，有一种让人眼前一亮的感觉，完全可以当公司的形象标志使用。

　　企业在制作三维码时，一定要认识到，三维码事关企业的理念和发展定位，所以一定要将企业的特色在三维码中体现出来。换句话说，三维码就是企业品牌的延伸，扮演着企业名片的角色，如果不能充分体现企业特色，那么三维码的营销价值就会降低很多。

　　一般来说，企业在制作三维码时，要想让其充分体现企业特色，就必须使其与企业文化、企业发展理念、企业主营业务、企业营销方式、企业产品受众等紧密结合起来，只有这样，才能制作出充分体现企业特色的三维码，让人一看到三维码就想到该企业。

　　在这个处处是竞争对手的时代，没有个人特色，就相当于失去了话语权和被围观的机会。所以，企业在制作三维码时，一定要体现企业特色，达不到这一要求，就不是合格的三维码。

　　以我这几年对三维码的研究和制作经验来看，要想打造出能够充分体现企业特色的三维码，除了要充分考虑到上面讲的各种因素外，还需要满足独特性这个条件。

　　独特性也就是差异性，在这个特立独行的时代，任何大众的东西都难以入消费者的法眼，所以长相雷同的二维码就无法吸引消费者的注意力。企业的三维码一定要有自己的个性，可以将某种信息在无声中传递给消费者，这也是企业品牌价值所在。

　　企业制作三维码的关键在于找出企业潜在的某种独特的持续的竞争优势，只有将优势、资质、风格与三维码设计进行综合考虑，才有可能制作出充分体现企业特色的三维码。

"三维码＋"：吸引消费者注意力

　　如今，信息爆炸，媒体泛滥，我们能接触到的信息远远超过以往，这就导致一个结果，消费者对广告、媒体的"免疫力"越来越强。他们对传统广告早已司空见惯、见怪不怪了，即便企业、商家能把传统广告频繁展现在消费者面前，但因其毫无特色，始终难以引起消费者的共鸣，弄不好还会引起他们的反感。

　　即便是条码营销，消费者的"免疫力"也越来越强，所有无法引起他们兴趣的条码，都难以入他们的法眼，更无法走进他们的心中。我们不妨看看自己的周围，虽然有很多可以扫描的二维码，但是又有几个人会掏出手机去扫描呢？二维码因为毫无特色、不美观和缺乏新意，早已被消费者抛弃或漠视。

　　要想引起消费者的兴趣，让消费者积极地投入你的营销活动中，就必须提升自己的吸引力，因为没有人会对索然无味的事物感兴趣。所以，三维码营销成功的关键，就在于能够打造出吸引消费者注意力的三维码。

美国一家新成立的 IT 创意公司，为了提高企业的知名度和推广公司研发的新软件，可谓绞尽脑汁。公司的创始人觉得企业的主要业务都是面向年轻人的，于是先把推广目标瞄向大学生这一最具潜力的群体。对于猎奇心理极强且见多识广的大学生来说，企业的软件如何才能吸引他们的注意呢？

最终，该公司的创始人想到了一个绝妙的主意，他与避孕套生产商经过洽谈，让其按照自己的设计制作了十万个避孕套，并将这十万个避孕套免费送给当地各个大学的学生。

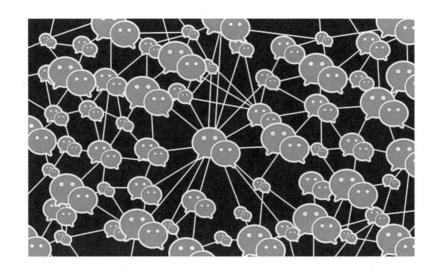

这款避孕套与众不同的是，每个避孕套的包装上都印有一个三维码，大学生只要扫描一下三维码，就可以下载一个 APP，这个 APP 可以把性行为变成曲线记录下来。

当然，该公司的创始人不会忘记推销自己的企业，当大学生扫描三维码下载 APP 时，页面上最明显的位置就是该公司的名称，该 APP 的介绍也包含了该公司及其主要 IT 产品介绍。最终，凭着这一极具创意的三维码营销，该企业一战成名，不到两个月的时间，就被众多大学生熟识，其开发的各种软件应用也迎来了下载高峰。

注意力就是营销力，就是业绩来源。企业、商家要想让自己的产品、服务能够大卖，首先需要让消费者对自己的产品、服务进行关注，只有关注才会有成交的可能。企业在进行三维码营销时，三维码就是最好的点睛之笔，它是吸引消费者注意力的关键力量。

如果这家美国 IT 公司没有将三维码印到避孕套包装上，那么它就很难吸引大学生的注意力，更不会在如此短的时间内将自己的软件产品推销出去。

所以，我们要懂得一点，在三维码营销中要想吸引消费者的注意力，应该选择一个好的载体，好的载体是提升三维码吸睛力的重要推手。

同时，企业、商家还要有持续吸引消费者注意力的能力。毕竟，这是一个快节奏的时代，无论你是什么样的企业，都有可能被潮水般的竞争对手淘汰，也有可能被消费者遗忘。即便你曾经光环璀璨，集众人注意力于一身，但如果你无法使消费者的注意力一直集中在你身上，那么你很快就会被遗忘。而你先前为了让消费者的注意力集中在你身上，所付出的所有努力都将付诸东流。

我见过很多企业凭借前期有力的宣传、超强的产品功能吸引了一大批客户之后，却因为无法继续吸引客户对企业的注意力和关注度而最终功败垂成，仅仅获得了一个良好开端，未能获得完美结局。

这不是消费者无情，而是移动互联网时代残酷。在这个时代，没有一劳永逸的事情，试想一下，你天天对着一个很有创意的三维码，过一段时间后，你会不会产生审美疲劳，你会不会一如既往地保持当初的激动心情？所以，无论企业刚开始时的创意多么令人惊喜，如果无法将这种惊喜一直保持下去，那么当消费者的激情退却后，企业将会被抛弃。

三维码营销也同样如此。企业、商家只有不断地对三维码和其载体进行创新与变换，给消费者一种常见常新的感觉，才能吸引消费者对其产品、服务的注意力。

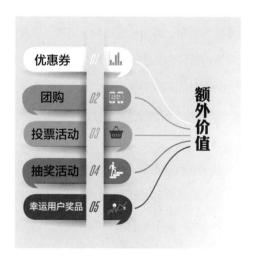

"三维码+"：提升情感体验

在这个竞争激烈、消费者要求越来越多的商业时代，企业、商家压力重重，稍有不慎，就会因为一次失败的营销而导致消费者对企业产品或服务失去信任，抑或是被竞争对手赶超，抢占了自己原有的市场份额。

物竞天择，适者生存。那些优秀的企业之所以能在竞争如此激烈的严峻环境中屡屡拔得头筹，就是因为它们已经明白，企业的实力不仅仅来自企业提供的产品或服务，还来自很多看不到的东西。在这些看不到的东西里，消费者的情感体验无疑是最重要的一项。因为从营销环节来讲，消费者的情感体验就是企业提供的产品或服务的延伸，企业只有让消费者获得更好的情感体验，消费者才会在内心认同企业的产品或服务。

2014年7月，一家酒企组织了一次啤酒节活动，想借此宣传一下企业的品牌。为了使这次活动能达到良好的营销效果，该企业决定这次啤酒节以音乐为主题，因为当地人生性浪漫，喜好唱歌和跳舞。

但是，这家企业的负责人并没有将精力仅仅放在宣传企业产品这方面，他深知消费者之所以愿意来参加这次啤酒节，除了想要享受音乐盛宴外，还希望利用这个机会结交更多的朋友。

如果能满足消费者的这一需求，无疑可以极大地提升他们的情感体验，让他们从内心认同自己的产品和服务，从而成为自己的忠实客户。那么，如何才能满足消费者的这种心理需求，打破陌生宾客之间的隔膜呢？最终他想到了运用三维码来解决这个问题。

该酒企在活动现场配备了 80 名工作人员，工作人员的任务就是接待前来参加啤酒节的人们，并且把每个人想说的话储存到三维码中，然后用不干胶打印出来，贴在每个人的衣服上或其他显眼位置。

当其他来宾想要和对方交朋友时，就可以用手机扫描对方身上的三维码，然后就可以看到关于对方的简要介绍。比如："我叫娜娜，今年 26 岁，喜欢弹钢琴。""我叫小明，是一名画家，画画之余还喜欢旅游，如今已经去过 12 个国家。""我是马丽，目前读大二，喜欢交友和爬山，我正打算下个月去挑战当地最高的山峰。"

来宾在扫描了对方的三维码后，就可以获悉对方的简要情况。如果觉得自己对对方感兴趣，就可以和对方畅聊、交朋友。

该企业的这种做法深受来宾欢迎，来宾在参加完啤酒节后，便把自己的体验告诉了身边的人，这种口碑传播为此次活动带来了极高的人气。三天的啤酒节，该企业总共发放了 8 万多张三维码。当地的新闻媒体和网络上，几乎被这次活动刷屏了。意料之中的是，这家酒企通过这次活动，成功地让消费者记住了自己的品牌，并一举成为当年夏季销量最高的啤酒品牌。

啤酒节营销成功的秘诀

试想一下，如果该啤酒企业在举办啤酒节的时候，只是推销自己的啤酒，而不去解决来宾的交友需求，来宾因此心生不满的话，那么即便企业的啤酒再好喝、音乐再好听，也同样会影响来宾对企业及其产品的评价。如果真的出现这样的状况，那么该企业举办的这次啤酒节，就不能说是成功了。所以，该酒企通过三维码提升来宾在啤酒节上的情感体验，是一招妙棋。

美妙、贴心的体验可以为品牌带来更好的口碑，而糟糕的体验则会让用户一去不回头，甚至还会让本来有购买意愿的消费者望而却步。所以，企业、商家在进行三维码营销时，除了重视产品、服务，同样需要重视消费者的情感体验。只有学会通过三维码提升消费者的情感体验，才能更好地获得消费者的认同感，从而提升企业的市场竞争力。

"三维码+"：一张码十分爱，让公益更加简单

三维码所涵盖的信息，是其营销过程的关键竞争力量。但也有一些企业利用三维码囊括海量信息这一特征，将其利用到了公益活动中，并且收到了非常好的效果。

治疗老年痴呆症是世界性难题，如今医学界的科学家还没有研发出能够成功治愈此类疾病的药物。患有老年痴呆症的人不仅生活无法自理，还会给自己的家庭带来难以承受的压力。一般来说，患有老年痴呆症的人都需要专人照看，因为患有这种疾病的老人记忆力严重退化，他们不记得自己的家在哪里，不记得自己的家庭成员有哪些，甚至不记得自己的名字。

患有老年痴呆症的人一旦走失，就很难找到家。而家人要想找到他，无疑需要花费极大的精力。如何解决老年痴呆患者走失这一问题呢？一家老年人医疗器械研发公司 M 公司巧妙地利用三维码这一技术轻松解决了这一问题。

M 公司的员工通过大量走访，掌握了当地所有患有老年痴呆症的人的信息。然后他们把这些人的信息制作成三维码，并将带有头像的三维码印制在为他们量身定做的服装上。为了确保三维码的作用可以充分发挥，M 公司为每位患者定制了 8 件服装，春、夏、秋、冬各 2 件，以方便患者更换。

在三维码所包含的信息中，不仅有老人的姓名、年龄、家庭住址或所住的医院，还有老人的兴趣爱好、生活习惯、身体状况等，比如 A 老人喜欢吃的食物是蒸鸡蛋，其有高血压、高血脂、糖尿病，不能吃甜食和高脂肪的食物等。此外还有该老人家属特意录制的视频，在视频中其家人表示，希望好心人能够在看到走失的老人时第一时间与他们联系，在他们见到老人之前，能够善待老人，他们必会感激不尽。

可以说，这个三维码里面的内容非常详细，有关老人的一切情况都可以在里面看到。养老院、老人的家属都形象地把这个三维码称为患者的"导盲犬"。凡是看到走失的老人，只有掏出手机扫描一下他（她）身上的三维码，就可以获得详细的信息，这些信息不仅可以让好心人及时联系到老人的家属，还可以为老人提供适当的救助。

M公司三维码涵盖的患者信息

M公司推出的这项公益活动，受到了很多社会人士，尤其是老年痴呆患者家属的热烈欢迎和赞赏。这项公益活动推广之后，很多老年痴呆患者获得了 M 公司提供的三维码。在之后的一年多时间里，一些老年痴呆患者在不幸走失后，靠衣服上的三维码得到了好心人的救助。

M公司还打算将这项公益活动推广到 5 周岁以下的幼儿群体，因为这一年龄段的小孩也非常容易走失。三维码作为走失者与其家庭之间的联系纽带，扮演了爱心大使的重要角色。有了它，不幸走失的老人和儿童就能更快地与自己的家人取得联系。

第九章

"三维码+"的制胜秘诀：快、准、稳、好

　　三维码营销是一门系统的营销学，一次成功的三维码营销，往往是多种因素紧密配合的结果。如果我们无法掌握这些重要因素，那么就难以进行成功的三维码营销。比如，如何圈定有扫码意愿的客户？如何把握三维码信息的推送时间？如何选择三维码投放地点？等等。因为这些因素是三维码营销的制胜秘诀，掌握了它们，才能快、准、稳、好地做好三维码营销。

圈定有扫码意愿的准客户

我们前面已经讲过，扫码群体的范围非常广泛，诸如智能手机的使用者、对产品有深入了解意愿的消费者、追求时尚的消费者、关注优惠信息的消费者等，都是使用三维码扫描应用的中坚力量。

众所周知，这是个庞大的群体，正因为数量庞大，才令所有企业、商家垂涎不已。不过，这个庞大群体中的人并非都是企业、商家的营销对象。企业、商家在进行三维码营销时不能光凭一腔热情，而是要先进行准确的定位，制订长远的三维码营销计划，才能确保取得好的效果。

始创于 1999 年 11 月 18 日的餐饮企业桥亭活鱼小镇，创立初期餐厅营业面积仅 70 平方米，只有 8 名员工，经过 15 年的发展，如今已经是福建省的著名商标、国内比较知名的连锁餐饮企业，在福建、江苏、山东拥有 50 多家门店，员工人数达到 1 500 多名。

当二维码营销和三维码营销兴起后，桥亭活鱼小镇也加入了二维码营销和三维码营销的浪潮中。尤其是当三维码渐渐兴起并显露出取代二维码的趋势时，桥亭活鱼小镇就果断地制作了一个三维码，试图用更加美观、有品位的三维码取代枯燥、难看的二维码。

用户扫描三维码后，就可以看到桥亭活鱼小镇的详细介绍：

桥亭活鱼小镇秉承了一贯的仿古风格，更独具匠心地突出了不少精彩设计，更显精致典雅。店内青砖灰瓦，流水潺潺，诗意盎然；几幅老照片，纯粹乡土味，触动了宾客对儿时故乡的思念。桥亭活鱼小镇拥有深厚的文化底蕴，她源自一个溪多、桥多、亭子多的桥亭村，因为溪多，所以鱼也多。这里乡风淳朴，好以鱼待客，故烹制出的鱼别具风味，"鲜、嫩、滑、筋道"是最大的特色，再加上时尚的"麻辣"味，让宾客流连忘返！

"大鱼一条，小菜三碟"的健康生活在桥亭活鱼小镇果然名不虚传！

桥亭活鱼小镇的三维码所包含的内容非常丰富，极具吸引力，消费者只要了解了桥亭活鱼小镇，就会被它出色的饮食文化调动起胃口，在这种情况下，自然想去桥亭活鱼小镇消费了。

很快，桥亭活鱼小镇的三维码营销取得了明显的效果。因为经过一段时间的三维码营销宣传，所有连锁店的业绩都有了明显的提升。后来也有竞争对手效仿桥亭活鱼小镇的三维码营销做法，却没有收到明显的成效。

事后，在一次餐饮企业高层集团峰会上，有人忍不住问桥亭活鱼小镇营销负责人是如何开展三维码营销的，该负责人很真诚地说道："三维码营销表面上看起来很简单，但是其实有很深的门道。虽然扫码群体庞大，但是这个庞大的群体里面绝大多数人都不是我们的目标客户，如果我们把精力浪费在所有人身上，自然会事倍功半。所以我们在进行三维码营销时，最重要的是要学会圈定有扫码意愿的客户。

"就拿我们桥亭活鱼小镇来说，我们的主打菜品是鱼，所以我们在进行三维码营销的时候，并没有盲目地推广，而是先圈定有扫码意愿的潜在客户群，然后再有针对性地对这些潜在客户群进行营销。比如我们会分析有哪些人喜欢吃鱼：首先是肥胖的人，他们为了减肥，更愿意选择没有脂肪的鱼；其次，是爱吃米饭的人，这类人也比较喜欢吃鱼；最后，是一些来华旅游的外国人，尤其是日本人和韩国人，这两个国家的人非常喜欢吃鱼，他们来到中国，尤其是到中国沿海地区旅游，自然也不会忘记品尝一下中国的鱼。

"在圈定了大致范围后，我们就可以把有限的精力用在刀刃上了。于是我们在肥胖群体比较多的地方（网站）、有外国人出入的地方（网站）、喜欢吃米饭的地方（网站）进行三维码宣传，如此一来，就大大提升了准客户的扫码率，为企业带来了不错的业绩。"

桥亭活鱼小镇营销负责人的话，就是一个经典的三维码营销方案，它明确地告诉我们应该如何圈定有扫码意愿的准客户。

所以，企业、商家在进行三维码营销时，一定要先根据自己的产品来圈定最佳的潜在客户群体，只有圈定了潜在的客户群体，才能集中有限的精力去做营销。也唯有这样，才能把三维码营销的成果最大化。否则，任凭你付出多大的努力，都是白费工夫。

要把握推送三维码信息的恰当时机

一般来说，当消费者扫描了企业、商家提供的三维码后，都会关注企业、商家的账号或者注册成为企业、商家提供的 APP 的用户。不管属于哪种情况，企业、商家都可以向关注自己的消费者推送信息了。这是三维码营销中的关键一环。

但是，物极必反，这是亘古不变的真理。如果企业、商家在向消费者推送信息时，触及了消费者的底线，就会引起消费者的反感。而要想避免触及消费者的底线，首先要懂得把握推送三维码信息的恰当时机。

如果推送时机不对，不管你推送的信息多有价值，都会被消费者无视，甚至引起消费者反感。一旦引起消费者反感，消费者轻则不愿意购买你的产品，重则将你拉入黑名单。

那么，企业、商家应该如何掌握推送三维码信息的恰当时机呢？这就要遵守以下几个原则。

推送三维码信息的三大原则

三大原则

1 在客户空闲时推送信息

2 在节假日推送信息

3 推送信息不可过于频繁

1. 在客户空闲时推送信息

当客户忙得焦头烂额的时候，企业推送一些三维码信息，不仅会占用客户的时间，还会让客户分心，这无疑是最令人恼火的事情。所以，企业在推送三维码信息时，一定要选择客户空闲的时候。

那么客户什么时候才是空闲的呢？一般来说，每天的午休时间、晚饭之后或睡觉之前都是比较空闲的时间，所以企业可以把这段时间当成推送三维码信息的最佳时机。当然，也不可一概而论，需要企业根据客户群体的实际情况来判断。

不同的群体有不同的作息时间，比如 IT 企业的从业人员，他们晚上往往会加班到很晚，如果你在他们加班的时候向其推送三维码信息，势必会引起他们的反感。

此外，企业还要根据自身的产品特性和消费者的生活习惯综合判断。比如说你的企业是做餐饮的，那么你推送三维码信息最好选择饭点。如果你在吃饭时间已过才推送，很难对消费者产生作用。

而且，不管你的客户是什么群体，在晚上 11：30 ~ 次日 05：00 这段时间，最好不要发任何信息。因为这个时间段客户绝大多数都在休息，如果推送信息不仅会打扰客户，也没有任何营销价值。

2. 在节假日推送信息

一般来说，消费者在节假日空闲的时间最多，这时候也是企业推送三维码信息的最好时机。节假日是消费者的购物高峰期，如果企业能在这段时间向客户推送一些三维码信息，来引导客户购物，无疑是再好不过的事情了。这一方面可以提升客户的服务体验，另一方面可以提升企业的销售业绩。

如果是促销信息的话，则需要遵循赶早不赶晚这一原则，也就是要提前推送。比如可以在节假日前一天晚上推送，或者在节假日当天早上推送。如果是在节假日的尾声推送，那么此时消费者已经没有多大的购物需求了，会使企业的营销效果大打折扣。

3. 推送信息不可过于频繁

再有价值的信息，如果频繁推送，同样会引起客户的反感。所以，企业在根据客户生活习惯推送三维码信息时，还要确保适当的频率，过于频繁会物极必反。企业最好两三天推送一次信息，即便是非常重要的信息，也不要天天推送，隔天推送一次即可，否则很快就会招致客户的反感。

此外，有研究数据表明，工作日和周末的最佳推送的时间也大不一样。在工作日，人们朝九晚五上班工作，上午、下午和晚上都有集中上网的时间。周六和周日因为大家要休息，上网和玩手机的时间相对于工作日要少很多，而且分布也不是很有规律。

一般来说，周末上午看朋友圈的人少，下午和晚上要多一些，周六玩手机的人最少，周日要多很多。

总之，企业一定要对客户群体的实际情况与企业产品的自身特性进行综合考虑，考虑得越全面，三维码信息推送时间才能制定得越合理，才能取得更好的营销业绩。

4. 确保内容简洁、链接简便

虽然三维码的容量很大，但是也不能随意增加三维码中的内容，因为这会给消费者带来阅读障碍。只有内容精简，才能有利于消费者读取三维码中的信息，这也是博得消费者青睐，让消费者产生消费欲望的前提和基础。

在如今的时尚男士、潮流男士、精英男士等群体中，基本上没有人不知道《男人装》。如果你还不了解《男人装》，不妨先看一下关于《男人装》的官方解释吧。

《男人装》是中国第一本纯男性杂志，有中国的《花花公子》之称。因为面对的读者群体主要是男性朋友，所以《男人装》封面刊登的都是美女明星的性感照片。《男人装》获《新周刊》新锐榜年度传媒之年度杂志奖。其对《男人装》的精辟评价为：这本充满视觉快感的男性审美教科书，想男人之所想，言同行所不敢言，创造了中国性爱话语的最高禁忌尺度；它性感而不失犀利主张，幽默而不缺现实主义，是潮流男士的最佳伴侣。

作为中国第一本纯男性杂志，《男人装》面对的主要读者群体是成年男性。自从 2004 年创刊以来，经过 11 年的发展，其已经俘获了众多男性的心。同时，它也凭借大胆前卫、引领潮流的营销方式，使自己获得了极高的知名度和影响力。

以《男人装》的三维码营销为例，首先在制作风格上，三维码与《男人装》杂志的风格一脉相承，冷艳、性感、时尚，让人一看就有种想扫描的冲动。下图就是《男人装》的三维码。

在三维码内容制作上，《男人装》也是采用了极简主义，它展示的内容非常简洁，链接也非常简便，没有任何繁杂冗余的东西。我们在扫描《男人装》的三维码后，便会看到下图所示的页面。

在这个页面中，你会发现《男人装》一贯秉承的"性感而不失犀利主张，幽默而不缺现实主义"的品牌风格。你不用嘴亲一下屏幕，是很难进入下一个页面的。

进入页面后，你就可以看到简洁却又时尚和极具视觉冲击力的内容，这种内容会吸引你不断往下看，在翻过几页后，就可以看到此次《男人装》的真正营销目的。如下图所示，此次《男人装》开展的三维码营销是为了让成都当地的读者能够关注《男人装》12月4-5日在成都举办的大型活动。《男人装》就是用这种方式达到了自己的营销目的，因为它让读者在不知不觉中参与了营销活动。

这就是《男人装》的高明之处。它深知只有简洁的三维码内容才更容易吸引读者的兴趣。因为在这个快节奏的时代，人们的内心难免变得浮躁和沉不住气，太过复杂的内容会让读者难以读下去。所以它的三维码内容简洁明快，富有煽动力和说服力，从而让读者能够读完。

一般来说，企业、商家在制作三维码内容时，要想确保内容简洁、链接简便，需要遵循以下几个原则。

1. 链接网页中的信息量要根据手机屏幕而定

随着智能手机的快速发展，如今的智能手机市场虽然已经被 4.5 ~ 5.5 英寸的大屏幕手机占据，但和电脑屏幕相比，还是小得多。而三维码内容是在电脑上制作的，电脑上一行字符显示在手机屏幕上，会变成几行甚至更多。

所以，三维码链接的网页信息量一定要根据手机屏幕而定，如果内容过多，行数自然也会过多，这就需要消费者不断地滑动手机屏幕才能看到完整内容，无疑会让消费者产生烦躁心理。企业应该将信息量设定为手机屏幕的一页或几页，以便让消费者每滑动一次屏幕就可以看到完整的页面内容。

2. 网页语言要简练，减少繁杂的设计

三维码的链接内容，文字要简单直接，如果文字过多，或者读起来啰里啰唆，就会让消费者产生不耐烦的心理，从而放弃阅读；如果图片过多，则会影响链接打开速度，追求高效、迅速浏览体验的消费者是无法容忍的。所以，只要内容能够准确地突出主题，不必贪多求全。比如，三维码链接内容："国庆期间，所有产品价格如下……"要比"在这个举国同庆、万众欢呼的节日期间，本商店特意推出国庆优惠……"简练有力得多。

3. 链接网页尽量不要使用 flash

三维码营销是一个靠细节制胜的营销工具，不注重细节的话，往往会令营销成果大打折扣。在智能手机市场中，iPhone 手机和 iPad 平板电脑占据了很大的份额，很多消费者都在使用它们。但它们都有一个特性，就是不支持 flash 格式的文件。所以企业在制作三维码链接内容时，应该充分重视这一细节，尽量不要使用 flash 格式的内容，因为这会让使用 iPhone 手机和 iPad 平板电脑的消费者无法读取三维码内容，会把相当一部分消费者拒之门外。

此外，为了确保三维码内容的简洁，让消费者可以一目了然地阅读，在编排内容时，还要将促销信息与宣传内容分开，以便消费者能够快速完成查找和阅读。

提供高出用户期望的三维码服务

如今，市场竞争越来越激烈，如何在激烈的市场竞争中突围，成了摆在每个企业面前最大的难题。价格战、补贴战都已经弱爆了，真正能够拉拢客户，赢得客户的战术，是给予用户完美的体验。换句话说就是，用户体验决定了企业在消费者心中的地位。

什么是用户体验，我们可以借用奇虎360创始人周鸿祎举过的一个例子来说明："假如华夏银行请我吃饭，我打开一瓶矿泉水，一喝，它确实是矿泉水，这不叫体验。只有把一个东西做到极致，超出预期才叫体验。比如，有人递过一个矿泉水瓶子，我一喝里面全是50度的茅台——这个就超出我的体验。然后，我作为用户就会到处去讲我到哪儿吃饭，我以为是矿泉水，结果里面全是茅台，这种远超客户预期的体验才叫作体验，才有其价值。"

完美的体验，就是要超出用户的想象。只有超出了用户的想象，用户才会对你印象深刻，并最终与你建立起情感。要想超出用户想象，产品就成了至关重要的体验门户。而三维码作为企业的一种"产品"，它同样有给客户提供完美体验的义务。

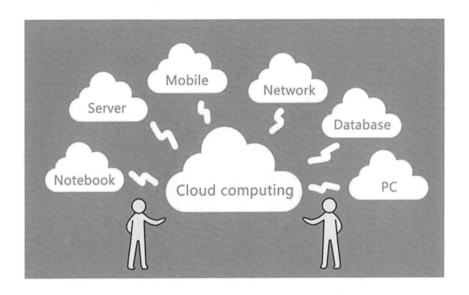

　　2014 年 12 月 11—13 日，名为"智慧盛宴开启幸福人生"的"第 15 届学习型中国世纪成功论坛"在北京九华山庄举行。这次活动非常隆重，吸引了 40 多位政府部门领导、行业大佬、"黑马"企业领袖、热门实干家、著名经济学家和媒体名流，此外还有来自全国各地的 3 000 多名民营企业家。

　　当然，这个论坛的主要群体是这 3 000 多名民营企业家。如何才能吸引这些民营企业家来参加此次论坛活动呢？活动的组织者采用了三维码营销，获得了意外的成功。

　　在这个竞争激烈的时代，民营企业家可谓是日理万机，每天都忙着思考如何发展企业、如何应对市场竞争，对他们来说，时间就是金钱。凡是不能给他们带来价值的会议，他们都不乐意参加。所以，不管外界举办的活动多么高端，只有能给他们带来价值的活动，他们才乐意参加。

　　深谙民营企业家心理的活动组织者，决定从这个角度来说服他们参加论坛活动。组织者在三维码中制作了非常详尽、丰富的内容。

民营企业家只要扫一扫上面的三维码，就可以看到此次论坛活动的所有事宜。一般来说，活动举办方只会通过三维码提供活动的举办时间、地点、主要参加人员等内容，但此次活动不仅提供了上面这些内容，还提供了许多更有价值和诚意的东西。

比如，在三维码链接内容中不仅详细列举了十几位演讲嘉宾的姓名，还列举了他们的职务、职场经历等，这足以让每一个企业家从中挑选到自己喜欢的嘉宾，并事先列出自己想要提问的专业问题。

更为重要的是，三维码的链接内容中还有该活动的宣传片和各种专题报道，尤其是在宣传片里面包含了历届活动重要人物的精彩讲话摘录，比如王健林、林毅夫、俞敏洪等中国知名的企业家讲话片段。这一视频内容极大地勾起了民营企业家们参加论坛活动的兴趣。

　　正是三维码提供的优质内容，让民营企业家感受到了举办方的一片诚意和专业精神，所以他们才愿意不远千里来参加此次论坛活动。如果不是这次三维码内容超出了企业家们的期待，举办方估计很难一下子就吸引到3 000名成功的民营企业家来参会。

　　企业在进行三维码营销时，一定要重视由三维码衍生出的服务。服务作为产品的一种展现形式，同样能给用户带来不同的体验，而用户体验是一种纯主观的感觉，它发生在用户接触产品之后。当用户感到你的产品超出了他的期望后，自然就会成为你的"粉丝"。

　　移动互联网时代，市场经济的核心就是"粉丝"经济。"粉丝"是什么？从传统意义上说，"粉丝"就是某个品牌或者某个人的忠实追随者。但是，在互联网思维大行其道的当下，"粉丝"已经不再是单纯疯狂追随某个品牌的群体，而是企业发展的重要基石。一个没有"粉丝"的企业，是没有任何影响力可言的。也就是说，"粉丝"就代表了影响力。你有多少"粉丝"，你的影响力就有多大。

所以，企业在进行三维码营销时，不管是把三维码本身当作产品，还是借助于三维码宣传某种产品，都一定要提供高出用户期望的三维码服务。只有这样，才能拉近用户和产品之间的距离，让他们对企业或者品牌产生情感，最终成为推动企业发展及品牌建设的忠实力量。

总之，在这个讲究体验感和满意度的时代，企业如果只有战略目标已经远远不够，还必须有完美的产品、绝佳的体验，才能吸引住用户，才能占领市场。当企业为客户提供的三维码服务总能超出客户预期、引发客户尖叫时，企业的品牌就会响亮、高大起来。

第十章

三维码+推广工具

　　在移动互联网时代，三维码作为企业、商家的营销利器，正在发挥越来越大的作用。既然是营销，就离不开推广。如果我们不掌握三维码的推广工具，自然就无法做好三维码营销。所以，当务之急，就是要迅速掌握三维码营销过程中必不可少的推广工具。

微信推广，重量级的营销帮手

微信，可以说是如今最火的一款社交软件。它早已超越了一个即时通信工具的外延。语音、视频、图片免费传发，它让传统社交向纵深发展，微信创始人张小龙所描述的"微信是一种生活方式"的愿景正越发清晰地体现出来，移动支付、客户关系管理、数据存储，它成为继 PC 电脑之后，又一个深刻改变信息入口、影响数亿人生活和工作、颠覆传统商业模式的新发明。

微信的强势崛起，带动了微信朋友圈、微信公众号的繁荣。几乎每一个玩微信的朋友都会不停地刷新朋友圈、关注微信公众号。

毫无疑问，企业的客户就在微信中，就在手机中。微信带来的超高流量，注定其成为推广三维码的最佳选择。加之它低门槛的操作要求、完全免费的运营模式、庞大的用户基数、精准的信息投放方式、越来越完善的功能等，使它日益成为当下最高效、最新型、最有价值的三维码营销推广手段。

张强在 2014 年的时候创办了一家洗衣店，经过一年多的运营，洗衣店的运作模式已经非常成熟，于是他决定扩大经营，便在当地纸质媒体上做了不少广告。但一段时间后，他发现宣传效果并不如意，而且版面费用还很高。因为要想更加详细地介绍本洗衣店的话，就需要占用更大的版面，花更多的版面费。在传统媒体的威力已经大不如从前的当下，投放的营销广告很难收到明显成效。

这种费力不讨好的事情让张强很恼火，有一天他向我诉说了这种苦衷。于是我告诉他，在这个移动互联网时代，传统媒体已经不适合当今时代发展的需要，唯有借用新媒体，才能收到广告成效。于是，我让他借助于微信来进行营销推广，并帮他设计了一个极具特色的三维码，教他如何借助于微信进行三维码推广。比如在微信朋友圈发表三维码，并让微信好友分享和转发，大家扫描他的三维码后，就会看到该洗衣店开展的团购洗衣活动：只要9.9元就可以洗西装、羽绒服、鞋子等，还可洗床上用品、皮包等，而且可以直接通过三维码下载优惠券，附近一定范围内的用户还能享受免费上门取衣、送衣的一站式贴心服务。

通过一个多月不间断的微信推广，张强的客户比以前多了很多，知名度也显著提高，他在当地又开了几家连锁店。

通过微信推广三维码的方法很简单，像微信朋友圈、微信群、微信公众号、微信摇一摇、微信漂流瓶等，都是极好的推广渠道。当然，威力最大的还要数前三者。

我们在借助于微信推广三维码时，绝不能盲目进行。一定要先对企业的产品或服务进行定位，然后再选择目标客户群，只有有针对性地通过微信进行三维码推广，才能让更多的目标客户看到你的三维码。如果你推广的受众不是潜在的目标客户，即便你推广得再卖力，也很难收到成效，最终也只会引起受众的反感，可谓是吃力不讨好。

QQ 群，事半功倍的三维码推广方式

现如今，下到 10 岁小孩子，上到六七十岁的老人，几乎人人都知道 QQ，都拥有自己的 QQ 账号。无疑，QQ 是现在用户量和用户活跃度最高的网络即时通信工具，没有之一。即便是如今如日中天的微信，它在群体数量和活跃度上依然落后于 QQ。加之移动互联网时代的突飞猛进，QQ 手机移动端的用户人数早已超过了电脑 PC 端，QQ 的使用频率非常高。

这一优势，正好为 QQ 群推广三维码提供了得天独厚的条件，无论你打算销售什么产品，都可以通过 QQ 群来推广三维码，寻找潜在目标客户，进而达成交易。

如今，投洽会已经成为众多高端企业青睐的对象。投洽会只是一种简称，它的全名是中国国际投资贸易洽谈会。官方定义如下：中国国际投资贸易洽谈会经中华人民共和国国务院批准，于每年 9 月 8 日至 11 日在中国厦门举办。投洽会以"引进来"和"走出去"为主题，以"突出全国性和国际性，突出投资洽谈和投资政策宣传，突出国家区域经济协调发展，突出对台经贸交流"为主要特色，是中国目前唯一以促进双向投资为目的的国际投资促进活动，也是通过国际展览业协会（UFI）认证的全球规模最大的投资性展览会。

每次在举办投洽会活动前夕，该机构的工作人员都会进行营销推广，以便让更多的中国企业和外国企业参与此次会议，达成更好的合作关系。在进行营销推广的时候，该机构的工作人员可谓是"海、陆、空全方位"进行推广，线上线下齐头并进，新媒体和传统媒体火力全开。

在所有的推广渠道中，利用 QQ 群推广无疑是最经济的方式，因为它不花一分营销费用就可以达到推广目的。该机构的营销人员是这样做的：通过 QQ 群上的搜索功能，搜索到一些企业 QQ 群后，然后加入其中。在进行自我介绍后，适时地将企业的三维码分享给各位群友，让有意者扫描，从而达到推广目的。

QQ 群是一种推广三维码的绝好渠道，如果不好好运用它，可谓是三维码营销过程中的一大损失。不过，要想运用这种招式，首先要学会找群。也就是说，我们需要清楚地知道群在哪里，如何才能锁定目标群。在找群的时候，一定要满足精准、人气、活跃度这三个要求。

1. 精准

精准是指目标群一定要和企业营销的产品有关，或者是目标群中的群友必须是企业的目标客户，比如说，你的企业是做奶粉销售的，那你在找群的时候，就必须找带有"育婴""幼儿""妈妈"等关键词的群，这样才符合精准的要求，如果你找的是带有"家教""汽车"等字眼的群，那么可能就一点用都没有。

2. 人气

人气是指一个目标群的成员人数。在找群时，只要输入相应的关键词，就可以看到目标群的关键信息。如下图所示。

从图中我们可以看到，"双鸭山0469车友会"这个QQ群是个500人的群，但群成员只有40个人，人气明显不高，而"全球汽车资源交流交易"这个QQ群，是个2 000人的大群，且群成员有1 985人，人气很不错。所以我们在找群时，最好能选择一些人数比较多的大群。这种高人气的群，潜在客户数量会更多，推广三维码才会更有影响力。

3. 活跃度

活跃度也是个非常重要的要求，一个群如果活跃度不高的话，和没有人气是一样的，推广三维码就很难收到成效。活跃度低是指群里每天都没人说话，死气沉沉的，这样的群基本上没有交流的机会。而互动太少，自然很难赢得他人的信任，推广的三维码估计都没有人看。所以遇到这样的群，要果断舍弃。

除了查找合适的 QQ 群进行三维码推广外，我们还可以自建群，在自己的群里，推广三维码自然也更加方便。不过要建立一个人气高涨、成员众多、能产生营销效果的 QQ 群，往往需要花费很大的精力。

　　此外，还需要注意的是，无论是在他人的 QQ 群里推广三维码，还是在自己的群里推广三维码，都一定要把握好一个"度"，如果推广频率过高，比如一天在一个群里发十几次，那就很容易引起他人的反感，甚至还会被踢出群。

微博推广，老树发新枝

虽然微信兴起后，微博便开始慢慢进入没落期。但是虎死余威在，瘦死的骆驼比马大，微博这个在几年前曾一统新媒体江湖的"贵族"，其营销威力仍不可小觑。

如今微博虽然已经远远没有2012年前后的辉煌，但依然是营销推广的首选。很多企业在进行营销推广时，除了利用微信进行推广，微博也是它们手中重要的推广利器。因为它们知道，微博拥有大量的用户群体，并且每个微博账号都可以有众多的"粉丝"，数万、数十万，甚至数百万都可以，而微信账号最多只可加入5 000个"粉丝"。

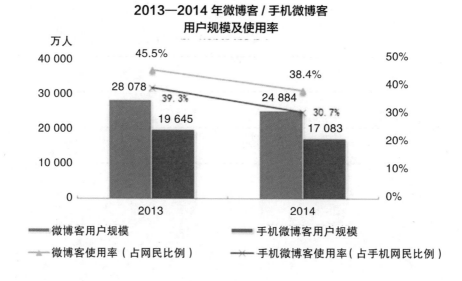

微博推广其实很简单，只要把需要推广的内容生成三维码，然后在微博账号上发

布，并配以简短的文字就可以了。比如说，企业想推广自己刚刚研发的一款软件应用，只要把这款软件应用的下载链接和文字说明等重要内容生成三维码，然后在微博账号上发布。"粉丝"看到后，就可以自行扫描并完成下载。

需要注意的是，微博推广的关键并非操作方法，因为操作方法简单易掌握，无须费神学习，它最关键的地方在于微博的人气。微博只有具备一定的"粉丝"群体，它才有利用价值。如果微博账号的"粉丝"数量很少、人气不足，那么推广的三维码就没有多少人看，自然就难以取得营销效果。

进行微博推广时，要选择那些人气高的微博账号，这样才能收到理想的营销效果。微博人气高主要由两个因素决定，一个是"粉丝"数量，一个是"粉丝"活跃度。如果"粉丝"数量很多，但是"粉丝"活跃度并不高，比如"粉丝"里面有大量的"僵尸粉"、空号，那么该微博的营销价值就会大打折扣；同理，如果"粉丝"数量很少，即便"粉丝"活跃度很高，这个微博账号的营销价值也会大打折扣。试想一下，一个只有100位"粉丝"的微博账号，它又能带来多大的营销价值呢？

所以，微博账号只有具备一定的"粉丝"数量（数千、数万，甚至更多），和一定的"粉丝"活跃度（有30%以上的活跃"粉丝"），才能实现营销推广价值。

"粉丝"数量要多

微博推广

"粉丝"活跃度要高

此外，在进行微博推广时，互推也是极好的营销手段。互推，简单地说就是你转播我的消息（广播），我也转播你的消息（广播），用消息的内容来吸引"粉丝"，对自身的和对方的"粉丝"进行重新洗牌，并且吸引新的"粉丝"。

举个简单的例子，比如说甲和乙各有一个微博，每个微博的"粉丝"数为2万，而两人的共同"粉丝"大概有2 000人，扣除这2 000人，如果甲把乙的三维码在自己的微博中推广，那么甲的"粉丝"就可以看到乙的三维码，相当于乙多了18 000个围观者，如果这18 000人里面有对自己或自己的三维码感兴趣的人，就会通过关注自己成为自己的"粉丝"。同理，乙也在自己的微博里推广甲的三维码，甲也能从乙的"粉丝"中获得新的"粉丝"。

也就是说，参与互推的合作对象越多，自己所能获得的新"粉丝"数量就越多，自然取得的三维码营销推广成果就越大。这就是互推的威力。

总之，要想在这个竞争激烈、市场瞬息万变的移动互联网环境中生存下去并获取商机，就必须学会将微博推广的价值最大化。只有这样，才能最大限度地提升三维码的营销效果。

评测文章软文推广，一定要带上三维码

评测文章是指针对某件产品、某种服务抑或是某个企业的看法，这些看法中包含了软文写作者对某件产品、某种服务抑或是某个企业的使用心得或评价。软文写作者会将这些看法分享给读者，以便让更多的读者了解到自己对某件产品、某种服务抑或是某个企业的看法。

如今，由于评测文章有着极强的煽动力，它已经成为非常流行的三维码推广载体。具体的推广做法就是，在评测文章下面附上三维码。读者在读完软文后，如果有感触，就会扫描、关注软文下面的三维码。软文作者也就可以借此达成自己的三维码推广目的。

创业邦微信公众号推出了一篇评测文章，该文章的题目是：《"许鲜"的生意，反思"互联网思维"的异类》。

文章的主要内容如下：

坐落在北京大学附近的"许鲜"店，是一家水果电商，规定凌晨1点钟前顾客在电脑或手机上下单并打款，11点后到指定的门店提水果，48小时不提视作放弃。

"许鲜"门店有数十平方米，靠墙立了许多柜子，陈列有80多种水果，全被装进塑料盒子或袋子中，用户拿到手里，是独立包装的。

"许鲜"水果便宜、新鲜，普通库存水果损耗大，冷链存储成本高，运输环节、物流环节，上车、下车，进仓、出仓，都有损耗，还有人力成本。砍掉一个环节，损耗降 10% ～ 15%，人力成本减 5%，毛利增加 15% ～ 20%。同时，水果的摆放条件，码放方式、高度，重量，压力，都不可忽视。"许鲜"直接从基地进货，所有成本提前省去，缩短了中间时间，供应的水果比其他店均价还低 30%，且十分新鲜。

"许鲜"店需自己提货，与其他电商水果店不同，没有配送，且先交款后提货，以减少损耗、保证资金流通。

"许鲜"店开办九个月，销量达到 1 000 万元，奇迹是怎样出现的？

创办人徐晗告诉小编："一是在北大校园积累最早的一批客户，通过关注三维码的方式免费赠送。二是巧用负面报道，有的人在促销活动时未拿上货，就在网上骂人，我们便组织微信'粉丝'群，把骂人的也纳入征求意见，包括细微的要求，'粉丝'群给了好评，用芒果奖励，骂者变成了推荐人，现'粉丝'达 60 群，每群都有 100 多用户。三是发挥低价优势。东阳湖的橘子，产地每个 0.4 元，北京水果摊每个 1.5 元，我卖 0.8 元，甚至 0.7 元一个，顾客当然愿意买我的。四是展开宣传攻势，老板或工作人员到生产地和水果树照相，生产地太远的，把老板、工作人员欣赏水果的照片发到网上，激发网友的食欲、购买欲。五是使用'秘密武器'，在水果批发商场找几个批发商做铁杆朋友。"

做传统水果生意的都是先提货后付钱，一般水果店 15 ～ 20 天，大型超市要 30 天，批发商才能拿到货款，而"许鲜"现货现款，甚至提前 15 天付款。刚开始，有些批发商不理徐晗，到体量做大后，争着给他送货。有一次一批香蕉发货延迟，老板亲自登门道歉，希望不要中断和"许鲜"的合作。

综观这篇评测文章，我们可以读出"许鲜"水果店与传统水果店有着明显的区别，它采用的运作模式要比传统水果店高效、先进得多。这篇文章其实是一篇推广文案，文案写作者试图通过文章来打动读者，让更多的人认识"许鲜"水果店，甚至成为"许鲜"水果店的加盟商。

那么，当读者动心后，如何与"许鲜"水果店的负责人取得联系呢？这时候三维码的威力就发挥出来了。在这篇评测文章结尾，作者附上了一个"许鲜"水果店的三维码。读者只要扫描一下该三维码，就可以关注"许鲜"水果店，并与"许鲜"水果店的负责人取得联系。这正是三维码在评测文章推广中的价值所在。

要想通过评测文章来推广三维码，除了在评测文章后面带上三维码外，评测文章的发表平台也非常重要。发表平台越有名气，读者就越多，获得的推广效果自然也越好。所以，要想通过评测文章推广三维码，除了在软文中附带三维码外，还要选择有知名度、流量大的推广平台。

优惠券上的三维码，营销从给别人甜头开始

在三维码的推广渠道中，按类型可以分为线上推广和线下推广。线上推广是指运用互联网来推广，比如微信、QQ 群、微博等；线下推广是指借助于传统纸质媒体来推广，比如优惠券、杂志、报纸、活动单页等。

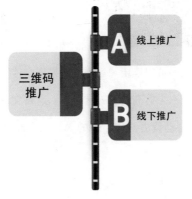

在线下推广三维的各种渠道中，威力最大、营销效果最好、最容易被消费者接受的，要数优惠券了。

没有人不喜欢物美价廉的产品，企业要想激发消费者的购买兴趣和欲望，最佳的选择无疑是给其优惠，所以为消费者提供优惠能最大限度地促进消费者签单。但是不能毫无条件地提供优惠，否则会给企业的生存带来严峻的挑战，所以优惠必须附加条件。

用优惠券来推广三维码，无疑是最好的手段。既让消费者享受到了优惠，又满足了企业的附加条件。做法其实很简单，就是在优惠券上印上三维码，引导消费者扫描优惠券上的三维码，让其成为企业的会员，今后就可以获得一定的优惠了。

一家餐饮企业，为了吸引消费者来餐厅就餐，便制作了很多优惠券，并在每张优惠券上印上一个三维码，然后把这些优惠券分发给前来就餐的客户，引导他们扫描优惠券上的三维码。优惠券上的内容很简单，大意就是希望消费者能扫描三维码，关注企业的账号，进而免费成为餐厅的电子会员，享受餐厅提供的优惠服务。这些优惠服务不是一次性的，而是永久性的，只要消费者还是餐厅的电子会员，就可以享受餐厅提供的各种优惠服务。

餐厅之所以这样做，是为了赢得更多的回头客。一旦客户扫描三维码，并成为企业的电子会员，那么企业就可以掌握这些客户的信息，并随时向他们推送各种最新的优惠信息，刺激他们前来消费。很快，这一营销方式获得了明显的成效。系统后台监测到扫码人数显著增加，不到 20 天的时间，餐厅账号就吸引了近 3 000 名客户关注。

首战告捷的餐厅经理，决定把这种用优惠券推广三维码的营销手段运用到所有连锁店，并将推广范围从餐厅内部扩展到了附近的商业区，派出面容姣好、身段窈窕的女性员工前去派发优惠券。

一个季度下来，该餐饮企业在当地的销售业绩同比增长 60%，环比增长 20%，企业账号关注者超过了 3 万人。这种营销手段获得的巨大战果，在当地引起了极大的反响，很多企业也纷纷效仿该餐饮企业的做法，开始利用优惠券来推广三维码。

如今，企业、商家大多都意识到了用优惠券推广三维码的优势，并把这种营销手段运用到日常的营销活动中。

用优惠券推广三维码的优势

既然是优惠券，就必须是让客户认同的优惠券。如果企业给出的优惠很难打动消费者，或者并不是消费者需要的优惠券，那么这种优惠券就没有价值，消费者自然也不会为一张没有价值的优惠券而去扫描上面的三维码。所以，要想通过优惠券推广三维码，首先要给客户提供他想要的优惠。

其次，利用优惠券推广三维码时，最好能够附上简短的文字说明，让目标客户知道这是什么样的三维码。如果能带有一定的紧逼感，效果会更好。比如商家可以在海报上的三维码旁边写上："三日内扫描关注即可获取礼品。"这样可以提高目标客户的扫码率，为商家赢得更多的客户流量。

此外，如果企业、商家在提供优惠券的过程中不讲诚信，仅仅是抱着一种吸引顾客来消费的目的，当顾客来消费时，为了追求利益最大化，不能兑现优惠券中的承诺，那么就会使顾客心生不满，这样不仅无法帮企业增加"粉丝"黏性，还会加速"粉丝"离去，情况严重者还会影响企业声誉。

所以，要想通过优惠券推广三维码，就必须真正为客户的利益着想，当客户的利益获得满足时，他们自然也会回馈企业，为企业带来利益。

全面开花：其他线下三维码推广手段

和线上推广三维码的渠道一样，线下推广三维码的渠道也是多种多样的，除了最被企业、商家青睐的优惠券推广手段外，名片、易拉宝等同样是企业、商家比较青睐的线下三维码推广手段。

1. 名片推广

名片一直都是身份的象征，职场精英都有一个习惯，就是随身携带名片，当遇到合作伙伴或志向相同的陌生人时，往往会递上自己的名片。所以，名片扮演着传达个人信息的角色。当三维码兴起后，由于其色彩美观、个人形象展示识别率高，很多职场人士将其视为名片上的玫瑰，有绚丽夺目之作用。于是，三维码成了名片上的"标配"，而名片也成了三维码的推广载体。

> 比如，一位 IT 企业的总监在参加互联网大会时，把带有个人头像的三维码名片赠送给一些目标人物后，这些人只要扫描一下名片上的三维码，就可以实现直接关注或加他为好友等功能，简单方便。

这就是借助于个人名片推广三维码的价值所在，它不仅可以让收到名片的人记住你的名字，还可以让对方体验你的产品或服务（应用），可谓一举多得。

2. 易拉宝推广

如今，易拉宝已经成为所有企业召开会议时的标配。你可以留意一下你参加的那些会议，在会场出入口或会场四周都会放一个甚至多个易拉宝，上面的内容主要是此次会议的主题。如果仅仅把易拉宝用作会议主题陈述的话，那无疑是一种巨大的资源浪费。

人们在参加会议时，基本上都会留意会场的易拉宝，如果将广告内容加入其中，无疑是一种极好的营销方式。如果将三维码也添加到易拉宝上面，无疑会使其更加具有营销价值。

比如说，企业组织此次会议的目的是推销自己刚研发的一款产品，那么就可以把这款产品的详细介绍生成三维码，印制在易拉宝上，与会者掏出手机扫描一下易拉宝上面的三维码，就可以直接看到这款产品的详细介绍，并与之互动。另外，企业还可以收录到扫码者的个人信息。如此一来，企业不仅推广了自己的产品，还获得了潜在客户的信息，为以后的营销提供了有力的帮助。

第十一章

各行各业使用三维码引流时的注意事项

三维码营销是一项非常系统且专业的营销模式，要想运用它为企业创造价值，如果不下一番功夫，是很难掌握这门技能的。但是，如果我们仅仅学习了三维码营销的运作方法，而不注重使用三维码引流的各种注意事项，那么很可能让前期的努力功亏一篑。所以，掌握三维码引流时的注意事项，就成了重中之重。

用三维码引流最好使用全渠道营销

很多企业在进行三维码营销时，往往会觉得事与愿违。它们看到其他企业在三维码引流方面做得风生水起，自己也如法炮制，没想到结果却是雷声大雨点小，忙活了一通，却并没有收到明显成效，甚至还赔了夫人又折兵。因为它们最终发现，在使用三维码引流的过程中，投入的成本竟然比获得的营销成果还要大。

其实，出现这种问题的根源在于企业不懂得运用全渠道营销，或者仅仅专注于某一渠道的营销，从而难以获得理想的三维码营销效果。三维码引流，讲究的是"海、陆、空"全方位的引流，这样才能将三维码营销成果最大化。

北京一家互联网企业研发了一款APP产品，但是由于企业实力不强大，在市场上也没有多少知名度，所以在推广这款APP产品时遇到了很大的阻力。它不仅遭受很多同行的前后夹击，还要争取消费者的信任，可谓举步维艰。

如何推广呢？该企业负责产品运营的刘总监决定通过微信来推广。它将这款APP产品生成三维码，并辅以简短的文字说明，试图通过强大的微信朋友圈来推广。为了尽快打开市场，刘总监通过多方联络，找到了十几个有庞大"粉丝"群的微信达人，这些微信达人每个人都有好几万"粉丝"，他决定通过微信达人的朋友圈来推销公司的这款APP产品。

但是过了一段时间后，推广效果并不理想，没有达到自己预想的下载量。最后经过一位朋友引荐，刘总监认识了我。在一次吃饭间隙，他向我诉说了自己的苦恼。我听了他的话，便简明地指出了他在进行三维码营销时的失败之处在于营销渠道过于单一。我给刘总监的"药方"很简单：升级营销渠道，多点开花，精准引流。让他根据自己的产品特色，从微信、QQ群、评测文章、网站这几个渠道进行营销。

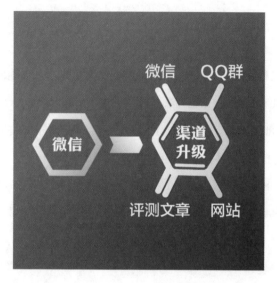

比如评测文章，我让他请专人写好评测文章，并在文章后面附上下载这款APP的三维码，将文章发表在某些和企业对口的网站上，因为这里的用户都是APP应用的狂热关注者，这里聚集了大量的互联网投资者。

战略升级后，不到10天的时间，这款APP应用的下载量就开始飙升。更值得庆贺的是，还有几位投资者在看到这款APP应用后，决定对刘总监的公司进行风投。

通过前面几个章节的讲解，我们已经知道三维码的引流渠道很多，主要有微信、QQ群、微博、评测文章、网站、电子邮件、百科词条、优惠券、名片、易拉宝、活动单页、杂志等。也就是说，所有的推广工具都是三维码引流的渠道。

单一的渠道很难收到良好的营销效果，只有全面、综合地利用这些引流渠道，才能在短时间内聚起庞大的营销气势。当然，我们还要明确的是，全渠道营销并不是所有能够引流的渠道都要运用，这样会有点矫枉过正。

试想一下，如果你要推广的是企业研发的一款 APP 应用，那么你利用优惠券、杂志这些营销渠道，又能带来什么流量呢？要知道，你的潜在用户并不在这里，这些渠道并不能给你带来任何流量。

所以，全渠道营销更确切地说应该是多渠道营销。只有准确地分析出企业的潜在客户在哪里，从哪种渠道更容易找到他们，才能尽可能多地选择出精准的营销渠道，从而实现最大化的三维码引流成果。

三维码的本质是数据入口

　　不可否认，三维码在营销过程中起到的作用是不可或缺的，因为如果缺少三维码的支撑，企业的营销活动就很难开展下去。比如说三维码的网页链接功能，企业可以将网站链接生成三维码，消费者扫描后就可以登录企业的网站，浏览网站上的产品。这一系列营销过程简单而直接。

　　但如果没有三维码的话（不支持任何条码技术），我们就需要将网址一个字母一个字母地印制在广告上，消费者要想登录企业的网站，则需要将广告上的网址逐个字母输入网页搜索栏中，然后才能登录，浏览网站上的产品。这种做法对于今天讲求效率的人们来说，是难以接受的。这种蹩脚的录入方式，早已被人们抛弃。所以，在企业营销过程中，三维码起着非常重要的作用。

　　不过，三维码在企业营销过程中具体起的是什么作用呢？让我们先来看一下下面这个故事。

Lisa 女士是一位干果销售公司的经理，为了更好地销售公司的干果，她让我们公司帮她制作了一个精美、时尚的三维码，试图通过三维码来吸引当地的大学生成为她的客户。

我们公司按照 Lisa 女士的要求，帮她制作了一个令她十分满意的三维码，三维码的内容则是她的公司销售的各种干果及价格、产地介绍等信息。三维码的营销推广很成功，很快就吸引了当地大学生的关注。

本以为大功告成，但是不到半个月的时间，三维码带来的客流量就开始急剧下降。一个多月后，当初依靠三维码获得的客户流量，几乎流失殆尽。

Lisa 女士的三维码营销为什么一开始成功了，最后却又失败了呢？事后我对该公司的营销手段进行了研究和分析。我发现该公司犯了一个非常明显的错误，就是把三维码当成了产品，以为只要三维码推广出去了，为企业带来了客流量，这次营销就算成功了。

我们一定要明确一个准则：任何营销手段最终都要回归到产品、服务本身。不管企业的营销手段有多好、多高明，如果产品、服务不好，那么营销同样难以成功。所以，产品、服务才是营销的真正核心。营销手段只是辅助而已，这种营销手段虽然非常重要，但也绝非不可或缺。

所以，企业在进行三维码营销时，必须明确一件事：三维码的本质是数据入口。

　　Lisa 女士的三维码营销之所以最后失败，就是因为其营销内容（产品、服务）出了问题。据我了解，Lisa 女士的公司销售的干果并不符合当地大学生的口味，在送货速度上也难以令人满意。大学生在申请退换货时，客服人员态度恶劣。以上种种都让大学生对 Lisa 女士的干果公司失望至极。在这种情况下，不管 Lisa 女士的公司的三维码推广做得多漂亮，都难以遏止客户流量流失的颓势。

　　所以，在三维码营销过程中，把三维码当成营销内容，是一种本末倒置的错误行为。企业只有充分发挥三维码本身的价值，让其正确扮演在营销过程中的角色，才能使三维码营销获得良好的效果。

结语：成就民族三维码

不知不觉中，本书已经洋洋洒洒写了十多万字，但越是接近尾声，我越是觉得文字之珍贵。我比谁都清楚，这众多文字中所包含的所有知识、案例，都是移动互联网时代序幕揭开的最好见证。

这是一个伟大的、充满变革和奇迹的时代。在这个神奇的时代，你可以看到无数草根企业一夜扬名，也可以看到无数巨头企业黯然离场。这些既令人鼓舞，又让人神伤！而这一切，就是移动互联网时代的精彩开篇，它让人无不激动、无不神往！

在这个新的时代里，不断有新生事物冲击着我们的视野，撩拨着我们的神经，沸腾着我们的血液。三维码作为这个时代中最鲜艳的一抹色彩，它的诞生给这个时代带来了更大的机遇和无限可能。

2007 年，我带着信念与使命从英国剑桥大学归国，和我的团队开始潜心研究与编写三维码软件，为的就是能够使我们中华民族和我们的祖国在世界上扬眉吐气，不再受制于人（条形码、二维码的专利技术都掌握在他国手中），这不仅是我身为中国人的民族情怀，更是我作为一名企业家的民族使命。一个不以振兴民族、国家为使命的企业家，就不是一个伟大的企业家。

在民族使命的督导和激励下，我和我的团队终于在 2014 年成功了。

2014 年，中国三维码全面问世，其外形与应用打破了人类对码时代的认识，极大地推动了中国乃至世界的信息化发展进程。具有中国自主知识产权的三维码的问世，是我今生最骄傲的事情，因为它是我多年来不懈奋斗的最好结晶。

三维码作为我国自有知识产权的编码技术，它可以把图像、文字、LOGO 编成可被自动识别的码。如今，它正在成为每个企业品牌的代名词，正引领这些品牌走进移动互联时代。

顺势者昌，逆势者亡。鉴于三维码的伟大作用，它必将成为这个时代的主流趋势。所以，我历尽千辛万苦，成立了一家以三维码为主要业务的企业——三维码（厦门）网络科技有限公司，并试图以这家企业为根据地，以三维码为助推器，引领民族品牌走进移动互联时代，走向世界。

为此，我为公司制定了清晰的发展规划。

企业使命：成就民族三维码！

企业愿景：码通天下，万物互联！

企业精神：专注，创新，超越，没有最好，只有更好！

基本原则：合法，共赢，分享，研究趋势，尊重人才！

研发理念：技术创新一小步，人类发展一大步！

经营理念：专注，专利，专一！

管理理念：爱，尊重，信任，支持！

价值观：梦想，感恩，责任，团队！

三维码如今还是一片蓝海，每个满怀激情的人，或者想要挑战新高度的企业，都有可能在这片蓝海中赚得盆满钵满。但是，前提是你必须拥抱三维码，运用三维码。

空谈误国，实干兴邦。作为一名企业家兼三维码创始人，我觉得我有责任和义务去用自己的微薄之力，尤其是自己在三维码领域的专业知识，帮助中国企业品牌完成升级、蜕变，从而在移动互联时代获得更强大的竞争力。

马云曾经说过："很多人一生输就输在对新生事物的看法上：第一，看不见；第二，看不起；第三，看不懂；第四，来不及。"这句话的意思是：刚开始的时候，我们看不见这些新生事物；当看见的时候，又看不起它；看得起时又发现自己看不懂；当看懂了的时候，却发现已经迟了，自己想接受已经来不及了。

马云这段话非常富有哲学思想，他精辟地向我们描述了大多数人面对新生事物时的心态和结局。如今，我们正面临着一个崭新的时代，那就是三维码营销时代。这一时代充满了颠覆性和变革性。所以，在这个谁先觉醒，谁就能占尽先机的时代，我们应该勇敢、坚决地去拥抱、接纳、运用三维码，并让其成为自己获取财富、赢得商机的武器。

最后，我再次诚挚地邀请大家，和我们一起拥抱三维码吧！我们会尽最大的努力，把三维码的影响力扩大到整个世界，使其成为我们中华民族的标签和骄傲。

附录：媒体链接

新华网报道：三维码亮相中国社会责任公益盛典　助力民族企业品牌腾飞

　　2015 年 12 月 22 日，三维码（厦门）网络科技有限公司创始人陈绳旭携三维码技术受邀出席由新华网和中国社科院企业社会责任研究中心等单位联合主办的"2015 中国社会责任公益盛典"，并在大会上做主题发言。

　　陈绳旭表示，美国 Symbol 公司于 1990 发明了 pdf417 一维码，日本 Denso 公司于 1994 年发明了 qr-code 二维码，一维码和二维码一直沿用至今，深入人们生活的方方面面。但是，一维码和二维码也有其明显的局限性，枯燥的黑白色、无趣的扫描体验、无法视觉阅读、低效率的客户开发、安全性无法保障等，已经明显跟不上时代发展的需要。

　　三维码（厦门）网络科技有限公司根据市场多变的形势和重体验的市场需求，于 2010 年发明了三维码，同时获得专利证书，并于 2015 年 4 月正式推出三维码技术。相比于一维码和二维码，三维码的编码技术完全不一样，三维码可以将文字、图片、LOGO 都编成码，创新品牌推广模式，让品牌自动营销，拥有更直观更时尚的视觉享受，可以让扫描次数提升600%，多出五倍的数据容量，防伪溯源可以确保数据安全，注册版权可以提升无形资产，并实现商标保护。

　　陈绳旭表示，科技创新可以改变世界，如果二维码是黑白电视机时代，三维码就是高清彩色电视机时代。陈绳旭希望能肩负更多社会责任，为社会发展尽一份力，助力民族企业品牌腾飞。

三维码科技携手厦门 110，帮助走失老人回家

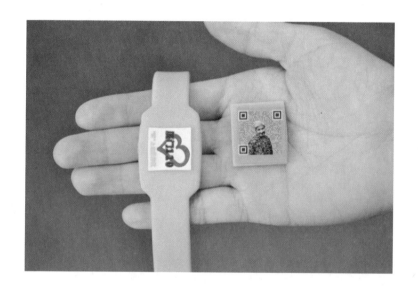

　　"厦门 110 三维码黄手环——'码'上送您回家"公益活动是由厦门市公安局携手三维码（厦门）网络科技有限公司联合开展的一项防止患有阿尔茨海默症（俗称老年痴呆症）的老人走失的爱心行动。

　　三维码黄手环是专为患病导致失智、痴呆的老人设计的佩戴物件，它可以记录老人的信息，同时也是视觉识别的媒介，看到戴黄手环的老人，就可以知道他们需要帮助，防止他们走丢。这些黄手环将作为患病老人及时得到社会救助的重要保障，三维码黄手环中可嵌入含有患者个人信息和家属联系方式的三维码，一旦老人走丢或发生危险，人们可以通过手机扫码进入 110 人口防走失报警平台，快速联系其家人并报警请求救

援，还可一键运行 GPS 导航，将老人护送至最近的派出所。同时，当人们看到佩戴"110 黄手环"的老人，也能够意识到需要给予他们特别的关照和呵护。

三维码黄手环承载了社会对老人的关爱。大力推行黄手环，将为患病老人提供极大帮助，也将让很多家庭免受遗失亲人的痛苦。在"厦门 110 三维码黄手环——'码'上送您回家"公益活动启动仪式上，免费发放了首批 110 个三维码黄手环给有需要的老年人。厦门市公安局开展的这一活动倡导全社会对老年人的关注和帮助，获得了良好的社会反响。

腾讯·大闽网：注意！这个三维码黄手环可以救命，厦门警方免费发放

手环创始人 陈绳旭
这样能快速地清楚你这个人的真实信息
厦门：110 "码上回家" 公益手环 助力走失老人回家

在厦门，大家一定见过各种各样的寻人启事朋友圈、微博，但有谁能真切体会每一张启事的背后，都是焦急、无助，乃至一个家庭的绝望。

但有了三维码黄手环，我们以后可以为这些老人做点事了！

2017年1月8日上午，厦门市公安局开展"110宣传日"活动，20名老人

尝鲜黄色手环。

据了解，这款手环专为失智、语言障碍等易走失老人所设计，名为"码上回家"公益手环。

据悉，这次只是首拨发放，今后厦门警方还将免费向更多有需要的老人发放"码上回家"公益手环。

这意味着如果以后有老人在街头走失，只要佩戴黄色手环，大家能立即帮到他们，也许一个电话就搞定！

三维码黄手环是什么？

① 为患病老人佩戴的黄手环，其中附有老人的姓名、住址、家人联系方式等信息，一旦老人走失，他人发现后能够据此报警或者将其送回家，尤其是对患有阿尔茨海默症和其他疾病的易走失老人群体帮助极大。

② 厦门发放的这个手环，正上方插入由特殊材质打印的三维码头像，可防水、防油、防撕，上面记录有老人的家人联系方式，可以用手机扫描读取，快速协助老人寻找家人。

③ 手环带上还刻有三位数编码，市民报警时报出编码，警方即可快速查知走失老人的具体信息。

其实，黄色手环在发达国家很普遍，被称作老人的护身符，于 2012 年引进我国。但非常可惜的是，绝大部分人并不知道黄色手环的含义。

看到三维码黄手环你可以这么做：

① 当你在大街上看到有佩戴黄手环的老人时，请注意他是否需要帮助。在他处于危险或可能是处于走失状态时，请查看他的手环，可以使用手机扫描手

环内嵌的三维码，获取老人家人的联系信息，帮助老人"码上回家"。

②手环带刻有唯一的3位数编码，市民拨打110报警时报出编码，警方即可快速查知老人的具体信息，与老人家人取得联系，帮助老人快速回家。

③如果附近有警察，您也可以联系警察寻求帮助，需要做的其实并不多。

如何在厦门申领三维码黄手环：

①申领对象为患病老人或其家人。

②警方提醒，有需要的市民（不限户籍）可以拨打警方电话0592-2110187进行咨询和登记。

③审核通过后，可以于工作日至厦门市公安局指挥情报中心领取。

中国网报道：三维码创始人陈绳旭：借助"互联网+"让三维码腾飞

中国网福建6月19日讯（记者陈晶晶　吴海东　实习记者　赵雯玉）：第14届中国海峡项目成果交易会期间，三维码创始人陈绳旭先生做客中国网高端访谈间，接受专访。

中国网：请为大家介绍一下三维码。

陈绳旭：大家都比较熟知一维码，在微信逐步普遍之后，随着扫描二维码送礼物的种种情况，大家开始熟悉了二维码。数字越长，码越长、越密。所以一维码能做到的二维码都能够做到，只是形状和数据容量不一样。普通二维码大家在扫描时无法分辨是哪家公司所属，而三维码多了一个维度，叫作图像识别维度，不需要通过手机扫描，通过肉眼就可以识别出来。二维码能做到的，三维码都能做到。三维码的独特之处有两个方面：一是可以用肉眼识别，二是可以申请国家保护。可以实现版权保护、实名编制，用码会越来越安全。今年和去年的"3·15"一直在报道"扫二维码后信息被盗窃或遭受病毒"等。因为二维码是开源式的，不法分子利用该漏洞，在码的后台链接生成病毒之后，老百姓一扫，就会遭受病毒。

中国网：三维码在市场当中有哪些商业价值？

陈绳旭：我想到三维码是源于我朋友的经验。我朋友是开酒厂的，有洋酒、白酒、啤酒、养生酒等，每个酒瓶上都印有相关介绍的二维码。但是由于肉眼无法识别，工作人员粘贴错误的情况屡屡发生。我朋友希望我能帮助他解决问题，或许会帮助到整个行业、社会创造价值。三维码的第一个商业价值是避免不法分子盗用头像行骗，第二个是品牌性，能让更多人了解企业，起到了广告的作用。政府的税票上如果使用三维码，能够使客户更了解，利于二次购买。

中国网：我们如何借助于"互联网+"推动三维码发展？

陈绳旭："互联网+"主要是网络速度加快。普及互联网需要三个条件：第一是智能手机，第二是手机像素，第三是网络速度。互联网的速度变快，为三维码的发展插上了腾飞的翅膀。

新华网网报道："三维码"技术将亮相"9·8"投洽会 将成移动互联网新入口

陈绳旭演示"9·8"投洽会专属三维码

新华网厦门9月2日电（刘默涵）：离第19届中国国际投资贸易洽谈会还有6天时间。下午，中国国际投资贸易洽谈会（简称投洽会）组委会与三维码（厦门）网络科技有限公司（简称三维码科技）签署合作协议，这意味着曾在"6·18"中国海峡项目成果交易会上大放异彩的三维码也将正式亮相"9·8"投洽会。

根据双方协议，三维码科技成为第19届投洽会指定三维码服务商，为100多个参会国家和10万多名全球客商提供三维码技术升级服务及一站式编码应用。今年"9·8"投洽会上，三维码科技也将推出体验馆，届时与会客商将会看到将三维码技术与 VR 技术和 MR 技术相融合的新应用。

三维码是一种全新编码的可视化产品。这种技术可以将专属的文字、图片、LOGO 等作为标识生成三维码，在"标识"与"码"之间画上等号，让识别更便捷、精准。

三维码科技由厦门市引进的第八批"双百人才""80 后"陈绳旭于 2015 年创办。与传统二维码相比，三维码所能承载的信息量是二维码的五倍；由于可视界面更亲和，能够带来直观的视觉冲击，经测算，三维码较二维码的扫码率可提升 50%~500%；同时，三维码由于采用了全新的三维编码和国家编码委员会认可的算法，并在相对封闭的环境中使用，其保密性能远优于所有的开放式二维码应用系统。该技术已在国内外获得多项发明专利。

据创始人陈绳旭介绍，三维码形象独特、识别精准的特性，使其能够倒过来促进版权保护、用码备案等行业规范的加快推进，借助于可防伪、可追溯等手段，保障数据安全，从而解决二维码容易被盗用、安全性不高的又一"痛点"，将成为移动互联网重要入口。

值得一提的是，今年"6·18"中国海峡项目成果交易会上，三维码一经推出便获得市场青睐。福建省招标采购集团最终以福建省"6·18"产业基金增资三维码科技。

截至目前，已有100多家世界500强企业陆续与三维码科技合作，三维码被广泛应用于印刷品、户外屏幕乃至互动电视等商业领域。

十年专注，戎"码"一生

——三维码创始人兼 CEO 陈绳旭诉说他与"码"之间的不解之缘

　　"十年专注，戎'码'一生"是陈绳旭从事编码事业的座右铭。从学校毕业到出国深造再到学成归国创立三维码科技，他十年如一日沉浸在编码应用开发领域中。在亲身经历了美国人发明的一维码（条形码）以及日本人发明的二维码从无人问津到全球商业化普及，他感受到其中巨大的商机。"为什么没有一项被全世界认可，属于中国人自己研发的编码技术？"他带领自己的技术团队运用十年编码技术开发经验，倾尽心力研发出全球首创的三维码编码技术。

在三维码科技总部前台，悬挂着三幅人物肖像，陈绳旭这样介绍道："60后"的马云实现了物与物的在线交易问题，"70后"的马化腾实现了人与人的在线交流问题，而身为"80后"我们带领团队志在跟随前辈们的创业脚步，通过不懈努力实现人与物的在线交互问题。

资本市场已经逐步验证三维码的市场价值，这项全球首创的编码技术一经问世就被估值5亿，五个月时间，估值已经翻了5倍，并成功获得福建省"6·18"基金的A轮融资。

——

安排专访的当天，陈绳旭正好在做一场路演，路演的地点设在三维码科技公司的会议室，对象是深圳永乐商学院的四十多名企业主学员。

互动环节，场面异常热烈，讨论话题从一维码（条形码）、二维码的发展史到全球标准化，令众学员们大开眼界，在了解三维码编码技术优势和市场前景后，企业家们表示出浓厚的兴趣，纷纷咨询代理相关事宜。

陈绳旭表示：超市中所有的商品都印有一维码，相当于商品的身份证；而现在扫一

扫二维码也成了当下人们最经常使用的交流、支付方式。编码技术应用已经覆盖我们所有生活场景。而三维码不但具备二维码所有功能，更具备四大优势：有效的品牌性、独特的识别性、更好的传播性以及更高的安全性。服务对象包括：个人、企业以及政府机构。目前三维码已经服务超过600万个人用户，1万多家企业用户，世界500强企业中有100多家选择了三维码。

一维码无法通过肉眼识别任何信息，早期的二维码同样无法通过肉眼识别，黑白的图案枯燥单一，后来二维码中间允许嵌入一小块个性化彩色标识后，终于解决了近距离识别问题。而三维码的问世完美解决了这一问题，图像、标识可以嵌在信息模块中，信息模块也可以体现在标识里，远远看去就是一幅完整的图像，一眼即可获知图案传达的信息内容。

有一件事，陈绳旭至今提起依然记忆犹新。北京有一个做酒品销售的朋友的公司就因为二维码识别问题，把贴在瓶身上的防伪二维码张冠李戴了，由于二维码看起来都差不多，工人没加细辨就把二维码标签贴到了酒瓶上，成品入库后才发现错误，本该贴在白酒上的二维码给贴在了养生酒上，消费者一扫，文不对题，还以为买到了假冒伪劣商品。

贴错码的问题无解，撕掉旧的再贴上新的二维码，怎么看都像是被消费过的商品。最后，除了瓶内的酒能回收利用外，瓶外标签只能剥净重做，这样看似低级的错误却会为企业带来不可估量的损失，除了更换包装成本外，消费者对品牌信任感的丧失才是企业致命之伤。陈绳旭在经历这次事件后，受到启发，诞生了研发三维码的最初构想。

"解决了一个企业的痛点也就解决了一个行业的痛点，解决了一个行业的痛点有可能就解决了一个国家的痛点。"陈绳旭介绍道，一维码（条形码）解决了商品的溯源问题，生成的一维码（条形码）在国家编码中心备案后，就具备了溯源的价值；二维码相对于一维码的进步之处在于：它像一个火车头，后面可以加挂车厢，车厢可以承载用户需要的数据信息内容，但不足之处，用户只看到二维码，很难看到后面是正规商家的信息，还是一个带有陷阱的木马链接。目前三维码科技已经与国家编码中心达成合作，共同制定三维码的编码应用及使用标准。

不止如此，如果说二维码背后只是加挂了几节车厢的话，三维码背后则是一支浩浩荡荡的火车队伍。针对不同行业及企业的应用需求，三维码可以提供 60 项应用系统，可以为企业提供从品牌营销到防伪溯源等各方面一系列编码应用解决方案。

最让学员们惊诧不已的是，三维码加挂的车厢里，展示功能是最基础的应用，还可以支持即时支付和下单、APP 下载等各项功能，甚至包括当下热门的 VR、AR 及国内尚无几人知晓、世界范围内最先进的 MR 技术系统；每个三维码背后可以建立自己的数据平台和数据分析系统，这是企业解决品牌营销制定有效用户体验方案的核心关键。

二

陈绳旭是厦门人，2002 年考入中国公安大学计算机专业。大学毕业后，为了进一步学习最先进的编码技术，他先后辗转至英国剑桥大学、瑞典斯德哥尔摩、韩国釜山大学等地进修学习。学成之后在国际知名 IT 集团任首席编码工程师，沉浸在编码技术领域的他感受到了互联网、物联网等诸多行业的巨大变革。归国之后他先后在北京、成都等地成立公司，从事编码应用相关产品研发与销售。

但是对于陈绳旭来说，回家乡兴办企业的想法一直萦绕在脑中，他说：马云在自己的家乡杭州建立起了阿里帝国，马化腾也在自己的家乡建立起了腾讯帝国。厦门是海西的一颗明珠，我期盼能在这片生养我的土地上打拼，建立属于三维码的一片天空，让来厦门的人们不仅知道鼓浪屿，还会了解到三维码这个城市科技符号，为家乡的互联网科技发展贡献一份绵薄之力。

2015 年，他以自己研发的三维码项目作为厦门"双百人才"计划的"投名状"，果然一试即成功，成为厦门市引进的第八批"双百人才"。这便有了将公司落户厦门的基础。

2016 年 6 月，在中国（厦门）国际物联网博览会举行的"物联中国最具投资价值的十佳物联网项目"评选中，三维码荣获第一名。一举成名天下知，三维码当场得到了 16

家投资机构的热捧，纷纷递来合作的橄榄枝。

在 2016 年福州"6·18"展会上，三维码项目得到了福建省各级领导的高度关注。这一次，绣球砸到了陈绳旭的头上，福建省发改委旗下的"6·18"产业投资基金以 1 亿估值，向三维码注资 1 000 万，双方通过本次"6·18"展会喜结良缘。

三维码科技公司于 2015 年 11 月在厦门成立，短短七个月的时间里，三维码的市场估值翻了 10 倍，仅从天使轮到 A 轮两个多月的时间里，三维码的估值就翻了 5 倍。

三维码的成功融资也引起了 IT 业巨头腾讯的极大关注。自参加了腾讯主办的创业大赛以后，腾讯方面派人与陈绳旭展开过几轮的洽谈，表达了控股收购三维码的愿望，由于经营方向和理念不同，双方谈判以失败告终。

在陈绳旭的办公室中有一套工业风格的铁皮欧式家具显得非常特别，但"慧眼识珠"的行家并不多，苹果公司现任 CEO 蒂姆·库克的办公室也有同样的一套家具。对于从事科技研发的创业者来说，这是一种身份象征，这个家具品牌叫 TIMOTHY OULTON，原产于英国，材料取自"二战"中被击落的飞机残骸，由几十年技艺的顶级工匠手工定制，这一套家具除了设计风格独特外，还有相当的收藏价值。

陈绳旭笑着说，购买这一套家具，经过了一整套审核流程，TIMOTHY OULTON 品牌设置了一定的购置门槛，下单前先要提出"申请"，符合申请条件才可以认购定制。

TIMOTHY OULTON 品牌同意陈绳旭购买一张办公桌、一个柜子和一个茶几的主要原因，除了他个人的学历和从业经历外，更因为三维码这项全球首创编码技术的市场潜力。

三

谈到三维码科技总部挂的马云、马化腾和自己三幅肖像画时，陈绳旭表示这是三维码科技的未来企业定位，拿自己跟马云和马化腾相提并论，并非没有自知之明，现在的三维码科技与腾讯、阿里进行比较，无异于蚂蚁和大象的较量，不过作为一个创业者必须清楚了解自己的目标和对手，时刻提醒自己保持前进的动力和准确的方向。

陈绳旭于 1982 年出生，2002 年报考中国公安大学时，父母有着另一种期待：希望这个孩子能吃上公务员这碗饭。在上一代人眼中，当公务员不仅"很有面子"，也比较稳定，旱涝保收。然而，陈绳旭毕业后的选择背离了父母的初衷。

2006 年大学毕业后，陈绳旭选择再到英国剑桥大学深造，世界这么大，他想看看世界最先进的科技是什么样子，剑桥是全球顶尖学府，那里应该具备当今世界最前沿的科技动态。

在剑桥深造两年后的一次旅行经历，他开始了与"码"之间的不解之缘。

欧洲地广人稀，沿公路自驾游，有时候几十公里内都看不到人烟。这也催生了一种业态，即公路酒店，相隔一段距离，就会有一幢类似民宿的酒店坐落在公路旁。公路酒店不设总台，客人需要住店时，电话通知远处的总部派人把钥匙送过来。

总部派人把钥匙送到酒店，距离远的需要个把小时，一来一往，两边的时间都耽误了。"如果手机就能当钥匙，总部通过手机确认住店信息后，发送解锁信息，用手机一刷就能开锁，不就省却了很多麻烦？"

这次住店经历给了陈绳旭启发，脑洞一开，他觉得此路可行，于是联合几位同学，有华人，有老外，组织了一支"国际创业纵队"，在瑞典的斯德哥尔摩就风风火火开干了。当时瑞典的移动网络在欧洲算比较发达的，这对发展手机扫码有利。

业务拓展一如陈绳旭的预期，创业第一年，就有了折合人民币 100 多万的净利收入。但两年后，陈绳旭遇到了发展瓶颈，瑞典的国土面积也就一个四川省大，人口不足千万，市场容量太小了，在这种弹丸市场想把事业做大，是不可能的，他想到了回国。

当时国内正致力于推进"三网融合"政策，对编码应用行业来说，意味着新一轮的商机。他也看到了编码应用技术在国内应用的市场空白，很多创新的商业模式在国外已经普及，但移植到国内，往往成为一片蓝海。

2009 年，陈绳旭下定决心回国，他一边收缩瑞典的业务，一边联络国内的资源，着手中国区业务的拓展。

陈绳旭在瑞典的编码应用技术相当于"一维码"（条形码），功能上与需借助于扫描枪的条形码基本无异。他回到国内时，"一维码"的应用尚属市场培育阶段，回来后不久他就发现，在当时的 2G 网络环境下，想要推广"一维码"举步维艰。

陈绳旭最先想到的市场切入口是住宅门锁的应用，设想的功能跟酒店用 IC 卡刷门禁一样，只是把 IC 卡换成了手机。他找到了万科的王石洽谈合作，在万科楼盘小区内配套使用用手机开锁应用的增值服务，站在智能家居的角度，可以提升万科楼盘的竞争力，更具销售卖点。不过，他的提议没有获得认可，王石担心，手机万一丢失，或者被黑客入侵破解信息，能打开门锁的就不是主人了。

接下来他又找到汉庭连锁酒店，力图说服汉庭改用手机代替门卡。但中国没有公路酒店这种业态，现成多数酒店一楼就是大堂，手机刷码根本就用不上。

回国创业之路，陈绳旭感觉举步维艰。

他又想到了的手机刷码应用涉及的配套芯片硬件生产，他联合了一家香港的投资集团，准备在福建龙岩买地建厂搞研发与生产，但龙岩政府部门对于他计划要投的项目并不上心，当时龙岩地区的产业以重工业为主，对于芯片这样的科技新兴产业并不重视。

龙岩项目最后胎死腹中。近一年时间里，公司 20 多名员工，离职到最后剩下 3 个。

面对不利局面，陈绳旭并未放弃努力。

四

趁着一位朋友要到韩国进修的机会，陈绳旭决定再一次到"国外看看"。韩国号称全亚洲网络最发达、网速最快，他想了解目前国际上还有哪些新兴的技术可以带来启发和商机。

韩国之行果然未让他失望。陈绳旭首先惊讶于韩国的网络速度，下载一部电影，只需要短短几分钟。这一次，他还看到了二维码应用的兴起，在韩国几乎无处不在，从超市到便利店，到处都在刷二维码购买或支付。

回到国内后，陈绳旭把二维码作为二次创业切入点，满怀希望地重整旗鼓打算卷土重来。

但没过多久，陈绳旭又碰到了瓶颈。

使用二维码应用必须具备三个条件：智能手机、摄像头和网络速度。2010 年的中国还是 PC 互联网时代，市场上有一半人还未使用智能手机，最要命的是网速问题，用手机扫一下码，老半天不见动静，只看到一片黑屏。手机摄像头的像素当时最高只有 130万，也支持不了射频感应。

陈绳旭开始向企业推销二维码，制作一个 3 000 元。对一家企业来说，只要产品能够带来效益，掏 300 元跟掏 3 000 元，都属于能够承受的范围之内。

这一次创业，让陈绳旭深刻体会了什么叫"水滴石穿"。有一次北京一家大型企业的老板好不容易同意面谈，给他一次推销的机会，当他拿出手机扫码时，手机偏偏不给面子，扫过后半天不见动静。老板只是"呵呵"干笑两声，场面异常尴尬。

陈绳旭并不死心，回去调试后进行多次测试，自认为没问题后，回头再约该客户见面，起初，客户还会勉强语言应付，后来干脆不接电话。陈绳旭只好跑到他公司楼下等了三天，终于逮到他下班的机会，再次碰面。

看到陈绳旭如此锲而不舍，客户被感动了，最后掏 3 000 元买了一个码，"算是支持年轻人创业吧"。

有大半年时间，陈绳旭在推销二维码的过程中四处碰壁，但韩国二维码火爆场景历历在目，他坚信，二维码在中国的普及只是时间问题，熬下去一定会迎来曙光！

市场的转机发生在苹果第一代智能机发布之后。2010 年 6 月，苹果发布了 iPhone4，这是全球最早的触屏智能手机。随后，中国市场卷起了一阵"苹果炫风"，移动互联网由 2G 转入了 3G，移动互联网进入了黄金时代。二维码扫描方式也由物品识别转入了光感识别，移动网络持续升级加速，与此相对应的是网络资费持续下调，手机上网真正飞入百姓家的同时，二维码应用市场的蓝海掀起了滔天巨浪。

二维码应用市场开启了井喷模式，陈绳旭和他的企业终于盼来了春天：一年的营业额超过了 4 000 万，并快速在全国拓展了 23 家分公司，至此为止他真正收获了人生当中的第一大桶金。

不过好景不长，随着腾讯微信的崛起，二维码的制作和应用变成了免费内置程序。2013 年下半年，陈绳旭全面停止了二维码的销售业务。

痛定思痛，在一次次的跌宕起伏中，陈绳旭意识到了只有通过技术创新，才能走在时代的前沿，掌握了真正的核心技术才能够掌握商海先机。通过前述酒企贴错二维码的事件启发，他潜心研究，终于研发出三维码这一震撼世界编码舞台的编码技术，这是继美国发明一维码和日本发明二维码之后又一次颠覆性的行业创新。

眼下，全球首创三维码不仅承载了二维码的所有功能，而且解决了目前二维码存在的肉眼无法识别、安全性低等应用痛点，在互联网高速发展今天，三维码将替代传统二维码成为移动互联网的重要入口。

励志之道

（问道者：谢嘉晟）

问道者：您怎么看待创新？

陈绳旭：模仿的商业模式想超过原创并非那么容易，阿里做过"来往"，腾讯做过"QQ 商城"，最后，"来往"和"QQ 商城"都没做起来。QQ 没有对手，淘宝也没有对手，他们本身都足够强大，但模仿的商业模式最后影子还是归影子。这就说明，一个产品有没有生命力，其实关键还是看有没有足够的创新因素。

问道者：您怎么理解趋势？

陈绳旭：再大的优势都比不上趋势。柯达最早发明了数码相机，却坚信胶片不可替代，事实上柯达也把胶片做到了极致，做到了最强，但当数码时代的趋势来了，柯达的优势变得不再明显了，而且优势一去不再。所以说，创业者跟对趋势很重要。

问道者：您认为对于企业什么最重要？

陈绳旭：在我的认知中企业文化是最重要的。优秀的产品总是会不断推陈出新，没有最好，只有更好。只有优秀的企业文化才是一成不变的，没有优秀的产品，有优秀的企业文化，就可以再造；没有优秀的企业文化，产品即便再优秀，最后也会变成一盘散沙。华为的优秀就在于有一套可以调动各方积极性的企业文化，有了一群积极主动的员工，就可以创造出无限可能。

特别鸣谢

中国物品编码中心

中国物联网协会

中国工程院院士倪光南

福建省招标采购集团有限公司

新华网